# 道德的力量

红旗东方编辑部 ◎编

红旗出版社

## 图书在版编目(CIP)数据

道德的力量 / 红旗东方编辑部编 .
—北京：红旗出版社，2012.3（2020.6重印）
ISBN 978-7-5051-2199-7

Ⅰ．①道... Ⅱ．①红... Ⅲ．① 品德教育—中国—通俗

读物 Ⅳ． ① D648-49

中国版本图书馆 CIP 数据核字（2012）第 028799 号

| | |
|---|---|
| 书　　名 | 道德的力量 |
| 编　　者 | 红旗东方编辑部 |
| 出 品 人 | 唐中祥 |
| 总 监 制 | 褚定华 |

| | | | |
|---|---|---|---|
| 责任编辑 | 廖晓文 | 封面设计 | 红汇·一品 |
| 责任校对 | 张趣妮 | 印　　制 | 李先珍 |
| 出版发行 | 红旗出版社 | 地　　址 | 北京市沙滩北街2号 |
| 邮政编码 | 100727 | 编 辑 部 | 010-51631925 |
| 发 行 部 | 010-57270296 | | |
| 印　　刷 | 北京雁林吉兆印刷有限公司 | | |
| 开　　本 | 787毫米×1092毫米　1/16 | | |
| 字　　数 | 251千字 | 印　　张 | 16 |
| 版　　次 | 2012年3月第1版 | | 2020年6月第2次印刷 |
| ISBN | 978-7-5051-2199-7 | 定　　价 | 49.00元 |

欢迎品牌畅销书项目合作　　　　联系电话：010-57274627
凡购本书，如有缺页、倒页、脱页，本社发行部负责调换。

# 序　言

## 厚植道德沃土，共谱时代新篇

　　中国是一个重德行、贵礼仪，具有深厚道德素养的国度。高尚的道德传统，孕育了中华民族的宝贵精神品格，培育了中国人民的崇高价值追求，是整个中华民族和每一个炎黄子孙安身立命的重要精神内核。2019 年 10 月，中共中央国务院印发的《新时代公民道德建设实施纲要》提出："中国共产党领导人民在革命、建设和改革历史进程中，坚持马克思主义对人类美好社会的理想，继承发扬中华传统美德，创造形成了引领中国社会发展进步的社会主义道德体系。加强公民道德建设、提高全社会道德水平，是全面建成小康社会、全面建设社会主义现代化强国的战略任务。"从古代的"厚德载物"到今天的"明大德、守公德、严私德"，一部中华民族的历史，也是一部道德推动社会进步的发展史。

　　沧海桑田，神州巨变，百年光阴弹指间，中国共产党带领全国人民克服重重困难，跨越发展，让中国特色社会主义进入了新时代。随着时代的发展，社会结构也发生了调整，人与人之间的关系、人与社会的关系、人与自然的关系都发生了深刻的变化。道德，作为处理这些关系的行为准则，肯定要遇到一些新的挑战。岁末年初新冠肺炎疫情突然暴发，一场关乎人民群众生命健康的疫情防控阻击战吹响了战斗集结号。疾风知劲草、烈火炼真金。疫情中逆行者奋不顾身的无畏精神，彰显了时代大德，他们是胸有大志、心有大我、肩有大任、行有大德的新时代最美道德楷模。

在社会主义核心价值观建设正如火如荼进行的当下，如何持续深化社会主义核心价值观宣传教育，增进认知认同、树立鲜明导向、强化示范带动，从而引导人们把社会主义核心价值观成为日用而不觉的道德规范和行为准则，让抽象的社会主义核心价值观变得生动具体，充满活力和生机，让那些在默默无闻的场合、做着默默无闻的善事的平凡的道德模范们的事迹成为报刊和网络媒体经常关注报道的对象，是一个重大的现实课题。

当今世界瞬息万变，信息珠沙混杂，只有坚持"不忘初心，牢记使命"，才能铸就心灵中的"定海神针"。中国外交部回答国际社会对中国抗击新冠肺炎疫情的不同评论中说道："在这场没有硝烟的战'疫'中，我们用中国速度为世界防疫争取宝贵时间，用中国力量筑牢控制疫情蔓延的防线，用中国实践为世界防疫树立新的标杆。"面对新中国成立以来的重大突发公共卫生事件，在以习近平同志为核心的党中央坚强领导下，全国人民齐心协力，共抗疫情，赋予伟大民族精神新的时代内涵，锻造了中国精神。以爱国主义为核心的民族精神和以改革创新为核心的时代精神，是中华民族生生不息、发展壮大的坚实精神支撑和强大道德力量。

道德榜样是社会主义核心价值观的积极实践者，也是建设社会主义核心价值观的丰厚沃土；一个道德榜样，就是一本社会主义核心价值观建设的生动教科书；一个个闪光的名字，就是一张张社会主义核心价值观建设的精美名片；一个个感人的故事，就是一台台社会主义核心价值观的播种机。广大干部群众要积极行动起来，努力将榜样的道德自觉转化为社会民众的道德自觉，转化为民族的道德自觉，形成推动中华民族振兴的强大精神力量。

　　国之运在国之兴，国之兴在民之心，民之心在风之正。正是基于这种考虑，红旗出版社策划出版了本书，其中既有古今中外的道德经典名篇，供读者沉思吟咏，也有不同文明不同时代的精彩感人美德故事，供读者欣赏激怀。希望通过这些道德论著和榜样故事，让"意志薄弱者"找到坚定信仰，让"前途茫然者"找到继续前进的力量。但千言万语，汇为一句：读而感之，不如起而行之，道德的力量，在我们每个人的行止之中。聚沙成塔、集腋成裘，让我们以习近平新时代中国特色社会主义思想为指引，共同谱写公民道德建设的新篇章，为实现中华民族伟大复兴中国梦汇聚澎湃的道德力量。

# 目 录

第二章 法不责众乎——法律中的道德教化···················· 025

**第五章 不忍人之心——道德情感力** …………………… 091

第九章 善良之风俗——我们身边的社会公共道德………… 195

## 第一章

# 有德者居之——政治中的道德感召力

1948 年东渡黄河后，毛泽东乘吉普车由城南庄去西柏坡指挥全国的解放战争。吉普车翻山越岭，在山路上艰难爬行。经过一道两面峭壁的大山沟时，看见一个八九岁的女孩子躺在路边茅草上，身边坐了一个三十多岁的农村妇女。女孩子双眼紧闭，脸色蜡黄，坐她身边的女人正在流泪。

毛泽东身体一震，叫道："停车！"

司机把车煞住，毛泽东第一个跳下车，大步走到那女人和孩子身边，摸摸孩子的手和额部，动情地问："孩子怎么了？"

"病啦！"女人泪流满面地回答。

"什么病？"

"请一个先生看过，说是伤风着凉，气火上升。可吃了药不管事儿，烧得说胡话，这会儿只剩一口气了……"女人呜呜地哭出声。

毛泽东眼圈泛红，猛地扭回头，招呼自己的保健医生朱医生过去。

"快给这孩子看病。"毛泽东急切地说。

朱医生连忙用听诊器听，又量体温，然后问那妇女孩子发病的过程。

"有救吗？"毛泽东声音略显颤抖。

"有救。"

"好，一定要把她救活！"毛泽东放开声音说，表情轻松了许多。

"可这药……"

"没药了？"毛泽东神色又紧张起来。

"有是有……只剩一支了。"

"什么药？"

"盘尼西林。"

"那就快用。"

"这是进口药，买不到，你病的时候我都没舍得用，不到万不得已……"

"现在已经到了万不得已，请你马上给孩子注射！"毛泽东以不容置疑的口吻命令。

朱医生只好将那支珍藏很久没舍得用的盘尼西林注射进孩子体内。那时，抗生素不像现在这么泛滥，所以效果显著。朱医生打过针，用水壶喂那孩子水。工夫不大，孩子睁开眼睛，轻悠悠叫了一声："娘……"

那妇女呆呆地睁着大眼，泪水哗哗往下流。扑通一声跪倒，哭叫着："菩萨啊，救命的菩萨啊！"

毛泽东转身吩咐朱医生："你用后面那辆车送她们回家吧。再观察一下，孩子没事了你再回来。"

后来，每当谈到那个孩子和流泪的母亲，毛泽东眼圈总要泛红："也不知那孩子现在怎么样了？把她带来治疗一段就好了……"他多次感慨："农民缺医少药，闹个病跑几十里看不上医生，要想个法子让医生到农村去。吃了农民种的粮就该为农民治病嘛！"

这则真实的故事告诉世人，一个真正的政治家，不乏指点江山的雄才大略，更有悲天悯人的朴素情怀，心中始终装着劳苦大众，懂得尊重人、真诚维护人、倾心服务人。正是因为老一辈革命家的这种政治品格，中国共产党人带领中华民族从嘉兴南湖一艘小船起航，一路劈波斩浪，开创了中华民族历史的新纪元。

◎【品味经典】

## 1. 为人民服务——毛泽东在中央警备团追悼张思德的会上的讲演

我们的共产党和共产党所领导的八路军、新四军，是革命的队伍。我们这个队伍完全是为着解放人民的，是彻底地为人民的利益工作的。张思德同志就是我们这个队伍中的一个同志。

人总是要死的，但死的意义有不同。中国古时候有个文学家叫做司马迁的说过："人固有一死，或重于泰山，或轻于鸿毛。"为人民利益而死，就比泰山还重；替法西斯卖力，替剥削人民和压迫人民的人去死，就比鸿毛还轻。张思德同志是为人民利益而死的，他的死是比泰山还要重的。

因为我们是为人民服务的，所以，我们如果有缺点，就不怕别人批评指出。不管是什么人，谁向我们指出都行。只要你说得对，我们就改正。你说的办法对人民有好处，我们就照你的办。"精兵简政"这一条意见，就是党外人士李鼎铭先生提出来的；他提得好，对人民有好处，我们就采用了。只要我们为人民的利益坚持好的，为人民的利益改正错的，我们这个队伍就一定会兴旺起来。

我们都是来自五湖四海，为了一个共同的革命目标，走到一起来了。我们还要和全国大多数人民走这一条路。我们今天已经领导着有九千一百万人口的根据地，但是还不够，还要更大些，才能取得全民族的解放。我们的同志在困难的时候，要看到成绩，要看到光明，要提高我们的勇气。中国人民正在受难，我们有责任解救他们，我们要努力奋斗。要奋斗就会有牺牲，死人的事是经常发生的。但是我们想到人民的利益，想到大多数人民的痛苦，我们为人民而死，就是死得其所。不过，我们应当尽量地减少那些不必要的牺牲。我们的干部要关心每一个战士，一切革命队伍的人都要互相关心，互相爱护，互相帮助。

今后我们的队伍里，不管死了谁，不管是炊事员，是战士，只要他是做

德惟善政，政在养民。

——《尚书·虞书·大禹谟第三》

过一些有益的工作的，我们都要给他送葬，开追悼会。这要成为一个制度。这个方法也要介绍到老百姓那里去。村上的人死了，开个追悼会。用这样的方法，寄托我们的哀思，使整个人民团结起来。

——选自《毛泽东选集》，第三卷，人民出版社，1991年6月第2版

## 2. 治国当先修身——《大学》中的先贤格言

大学之道，在明明德，在亲民，在止于至善。知止而后有定；定而后能静；静而后能安；安而后能虑；虑而后能得。物有本末，事有终始。知所先后，则近道矣。

古之欲明明德于天下者，先治其国；欲治其国者，先齐其家；欲齐其家者，先修其身；欲修其身者，先正其心；欲正其心者，先诚其意；欲诚其意者，先致其知；致知在格物。

物格而后知至；知至而后意诚；意诚而后心正；心正而后身修；身修而后家齐；家齐而后国治；国治而后天下平。自天子以至于庶人，一是皆以修身为本。其本乱而末治者，否矣。其所厚者薄，而其所薄者厚，未之有也！

005

### 【译文】

大学的宗旨，在于弘扬光明正大的品格，在于使人弃旧向新，在于使人的道德达到最完善的境界。知道应达到的境界才能够志向坚定，志向坚定才能够沉静，沉静才能够心神安定，心神安定才能够思虑详审，思虑详审才能够有所收获。每样东西都有根本有枝末，每件事情都有开始有终结。知道了本末始终的程序，就接近事物发展的规律了。

古代那些想要在天下弘扬光明正大品德的人，先要治理好自己的国家；想要治理好自己的国家，先要管理好自己的家庭和家族；想要管理好自己的家庭和家族，先要修养自身的品性；想要修养自身的品性，先要端正自己的心思；想要端正自己的心思，先要使自己的意念真诚；想要使自己的意念真诚，先要使自己获得知识；获得知识的途径在于认识、研究万事万物的道理。

通过对万事万物道理的认识、研究后，才能获得知识；获得知识后，意念才能真诚；意念真诚后，心思才能端正；心思端正后，才能修养品性；品性修养后，才能管理好家庭和家族；管理好家庭和家族后，才能治理好国家；治

指责人民有眼无珠的往往就是那些蒙住人民眼睛的人。

—— （英国）弥尔顿

理好国家后，天下才能太平。上自一国君主，下至平民百姓，人人都要以修养品性为根本。若这个根本被扰乱了，家庭、家族、国家、天下要治理好是不可能的。如果不分先后、轻重、缓急，本末倒置，将应该重视的事情忽略了，应忽略的事情却重视起来，想要达到治国、平天下的目的，也是从来没有的事。

——选自《大学·中庸》，王国轩译著，中华书局，2009年9月版

### 3. 从他人学习美德——古罗马的哲学家皇帝马可·奥勒留的沉思

从我的祖父维勒斯，我学习到弘德和制怒。

从我父亲的名声及对他的追忆，我懂得了谦虚和果敢。

从我的母亲，我濡染了虔诚、仁爱和不仅戒除恶行，甚而戒除恶念的品质，以及远离奢侈的简朴生活方式。

从我的老师那里，我明白了不要介入马戏中的任何一派，也不要陷入角斗戏中的党争；我从他那也学会了忍受劳作、清心寡欲、事必躬亲，不干涉他人事务和不轻信流言诽谤。

从戴奥吉纳图斯，我学会了不使自己碌碌于琐事，不相信术士巫师之言，驱除鬼怪精灵和类似的东西；学会了不畏惧也不热衷于战斗；学会了让人说话；学会了亲近哲学。

从拉斯蒂克斯，我领悟到我的品格需要改进和训练，知道不迷误于诡辩的竞赛，不写作投机的东西，不进行繁琐的劝诫，不显示自己训练有素，或者做仁慈的行为以图炫耀；学会了避免辞藻华丽、构思精巧的写作；不穿着出门用的衣服在室内行走及别的类似事件；学会了以朴素的风格写信，就像拉斯蒂克斯从锡纽埃瑟给我的母亲写的信一样；对于那些以言词冒犯我，或者对我做了错事的人，一旦他们表现出和解的意愿，就乐意地与他们和解；从他，我也学会了仔细地阅读，不满足于表面的理解，不轻率地同意那些夸夸其谈的人。

从阿波洛尼厄斯，我懂得了意志的自由，和目标的坚定不移；懂得了在任何时候都要依赖理性，而不依赖任何别的东西；懂得了在失子和久病的剧烈痛苦中镇定如常；从他，我也清楚地看到了一个既坚定又灵活，在教导人时毫不暴躁的活的榜样；看到了一个清醒地不以他解释各种哲学原则时的经验和艺术自傲的人；从他，我也学会了如何从值得尊敬的朋友那里得到好感而又丝毫不显得卑微，或者对他们置若罔闻。

先天下之忧而忧；后天下之乐而乐。

—— （北宋）范仲淹《岳阳楼记》

从塞克斯都，我看到了一种仁爱的气质，一个以慈爱方式管理家庭的榜样和合乎自然地生活的观念，看到了毫无矫饰的庄严，为朋友谋利的细心，对无知者和那些不假思索发表意见的人的容忍：他有一种能使自己和所有人欣然相处的能力，以致和他交往的愉快胜过任何奉承，同时，他又受到那些与其交往者的高度尊敬。他具有一种以明智和系统的方式发现和整理必要的生活原则的能力，他从不表现任何愤怒或别的激情，完全避免了激情而同时又温柔宽厚，他能够表示嘉许而毫不啰嗦，拥有渊博知识而毫不矜夸。

从弗朗特，我学会了观察仅仅在一个暴君那里存在的嫉妒、伪善和口是心非，知道我们中间那些被称为上流人的一般是相当缺乏仁慈之情的。

从柏拉图派学者亚历山大，我懂得了不必经常但也不是无需对人说话或写信，懂得了我没有闲暇；懂得了我们并不是总能以紧迫事务的借口来推卸对与自己一起生活的那些人的义务。

从克特勒斯，我懂得了当一个朋友抱怨，即使是无理地抱怨时也不能漠然置之，而是要试图使他恢复冷静；懂得了要随时准备以好言相劝，正像人们所说的多米蒂厄斯和雅特洛多图斯一样。从他，我也懂得了真诚地爱我的孩子。

从我的兄弟西维勒斯，我懂得了爱我的亲人，爱真理，爱正义；从他，我知道了思雷西亚、黑尔维蒂厄斯、加图、戴昂、布鲁特斯；从他，我接受了一种以同样的法对待所有人、实施权利平等和言论自由平等的政体的思想，和一种最大范围地尊重被治者的所有自由的王者之治的观念；我也从他那里获得一种对于哲学的始终一贯和坚定不移地尊重，一种行善的品质，为人随和，抱以善望，相信自己为朋友所爱；我也看到他从不隐瞒他对他所谴责的那些人的意见，他的朋友无需猜测他的意愿；这些意愿是相当透明的。

……

——摘自马可·奥勒留《沉思录》，何怀宏译，2003 年版

## ◎【故事里的事】

### 1. 闻"骂"则喜的毛泽东

　　1941 年，陕甘宁边区天气大旱庄稼歉收。一个叫伍兰花的妇女，丈夫去世，她一个人养活三个孩子，还要照顾多病的婆婆，日子很苦。偏偏这时候村干部又上门催收公粮，而且态度又不好，双方发生抢夺粮食的争执。伍兰花当即和村干部又哭又闹。情急之中，伍兰花脱口叫骂："你们拿走我的救命粮，我一家人怎么活啊！世道不好，共产党黑暗，晌午打雷，咋不叫这雷劈死毛泽东呢！"听到她竟敢如此咒骂共产党和毛泽东！村干部和几个民兵立刻把伍兰花抓起来，并绑赴延安审判，初审判处枪毙。

　　毛泽东从警卫员口里知道这件事情后，立即批评和阻止了中央社会调查部的抓人的行为，说你们这样不是和国民党一个样吗？他叫人把伍兰花带到他的窑洞里。毛泽东拿过一张木椅，让伍兰花坐下，半开玩笑半认真地问她："你这个婆娘好厉害呀！你为什么要让天雷劈死我？"伍兰花坐在木椅上，一把鼻涕一把泪地把自己的困苦和村干部强行征收公粮的事情经过哭诉一遍。

　　毛泽东听完心情非常沉重，她安慰了伍兰花一番，亲自下令放人，并派人把伍兰花送回家，还让通讯员把自己的口粮和自养的一头奶羊送给了这位农妇，以解养家糊口的燃眉之急。之后又派人带上公文，向当地政府当面讲清楚，她没有什么罪过，是个敢讲真话的好人。她家困难多，当地政府要特别照顾。并转告当地干部说："我们决不能搞国民党反动派那一套，不管老百姓的死活！"

　　通过这两个事情，毛泽东开始深深的思考，他派人深入到农民中调查，农民为什么对共产党不满意？调查的结果是：边区政府对农民征粮过多，农民负担太重，导致农民的不满和埋怨。当时，共产党控制的陕北解放区只有 150 万人口，但是在陕北的中央机关各级干部和部队超过 10 万人，这 10 万人都要老

009

人民的安全乃是最高的法律。

——（古希腊）西塞罗

百姓养活，由于当时的劳动生产率很低，恰好又遇到了连续三年大旱，便产生了共产党与老百姓争粮的问题。

问题的症结找到了，怎么样解决？毛泽东和党中央决定，采纳党外人士李鼎丞精兵简政的建议，并减征公粮，开展大生产运动。毛泽东号召要"自力更生，丰衣足食。"这就是大生产运动的由来。此后几年，毛泽东一直念念不忘此事，并在四次会议上检讨了这个问题，用以教育全党干部。

而那位农村妇女伍兰花经过此事，以后逢人就讲："古人讲，宰相肚里撑大船，将军头上跑快马。毛泽东太了不起啦，真是个不怕雷打、不怕鬼吓的大人物！"她并且成了村里大生产运动的带头人，她带领村里的妇女们，白天种地，晚上纺纱织布。1943年春节，伍兰花把自己生产的粮食送给边区政府，当年被评为陕甘宁边区一等劳动模范。毛泽东得知当初骂他的农妇当上了劳动模范，就很高兴地请伍兰花一块看春节秧歌表演。

1951年，伍兰花作为劳动模范，从陕北的小山村来到北京，参加建国两周年进京观礼。在天安门城楼上，她第三次见到毛泽东。伍兰花握着毛泽东的大手，幸福的泪花落在胸前的奖章上。

——张小星／文

## 2. 周总理三付饭费

20世纪70年代，周总理陪同外宾到杭州访问。有天下午周总理就要离开杭州了。几天来随行人员十分辛苦，周总理就吩咐秘书说："今天中午，我请大家到楼外楼去吃便饭。"

楼外楼菜馆的经理、厨师和服务员一听到周总理要来请客的消息，都非常兴奋。11时左右，周总理和随行人员谈笑风生地踱过西泠桥，漫步白堤，来到了楼外楼。席间，他热情地与随行人员一一碰杯，感谢他们辛苦地完成了这次接待任务，并向北京来的同志一一介绍杭州名菜：这是活杀活烧的西湖醋鱼，这是产自西湖的油爆大虾，这是叫花子鸡，都是北京人难得吃到的西湖佳肴。当周总理看到服务员端上一盘盘他最喜爱的家乡菜时，一边举筷品尝，一边又向大家介绍说："好久没有吃到家乡菜了，大家也来尝尝，这是绍兴梅干菜蒸肉，豆芽菜，霉千张，味道不错的嘛！"吃得大家兴高采烈。

饭后，周总理叫秘书去结账。省里同志出来阻拦说："不必总理付了，由我们地方报销吧！"周总理听了说："今天我请大家，当然由我付钱啰！"店里经理知道周总理的脾气，若不收钱，总理会生气的，就收了10元钱。谁知周总理又不肯，当即对旁边一位姓姜的服务员说："这许多菜10元钱怎么够呢？一定要按牌价收足。"经理和厨师商量了一下，又收了5元钱。不料，又被周总理看到，生气地说："谁请客吃饭谁付钱。总理请客吃饭，也要和一般顾客一样付钱嘛！"楼外楼经理没办法，只好又收了5元钱。这样共收了20元钱。

哪里晓得过了1个小时后，笕桥机场给楼外楼经理打来了电话，说周总理临上飞机前留下10元钱，付中午的饭费。楼外楼经理和职工们捧着这30元钱，都深深地为总理的这种廉洁奉公精神感动得热泪盈眶。

大家商量了一下，只有按总理的吩咐去做，当即把当天午餐的饭菜，按照牌价单仔细算了一下，总共19元5角，和普通顾客一样结了账，并给周总理写了份详细报告，附上清单和多余的10元5角，寄给北京国务院周总理办公室。

——佚名 / 文

## 3. 彭德怀：我们不是帝王将相

彭德怀从不允许人家招待他，不买票的招待电影他不看，超过伙食标准的招待饭菜他不吃。他极端讨厌请客送礼，对那种连吃带拿的腐朽作风更是深恶痛绝。他总是当着那些爱请客的人批评说："什么你请客？人民请客，国家请客！这种风气要不得，慷公家之慨！"（《在彭总身边》，四川人民出版社1979年版，第64页）1955年他在烟台视察时，对那里的招待所所长和管理人员讲：招待

真理最伟大的朋友是时间，她的最大敌人是偏见，她永恒的伴侣是谦虚。

——（英国）戈登

费"只能招待外宾。你们想一想，主人自己每天大吃大喝起来，把自己当成外人，这个家还能当好吗？不吃穷了才怪呢！尤其是首长们，本来工资就高，又白吃白喝白拿，再弄个双份。为老百姓想一想，他们该生气吧？这不像为他们当家做主的样子吧？人家不喜欢这样的当家人吧？升官发财搞特殊，这是国民党的传统，咱们共产党人，不能向他们学习。"（《彭德怀罗瑞卿体察实情敢讲真话》，第58页）为此，彭德怀每次外出视察，在离开地方上车时，他都严格检查是否多出了什么东西。一次，他发现多出了几个捆好的篓子，就问警卫员是什么，警卫员说是人家送你的水果。彭德怀马上严肃地说："讲过多少遍了，不许任何人拿公家的东西送礼，这是什么作风？是国民党吗？快搬下去。"（同上，第268—269页）

彭德怀对己严于自律，不搞特殊，也坚持反对下级和服务部门为领导人搞特殊。在一个著名的风景区，彭德怀得知一些小洋楼是专给中央来的首长准备的，哪一级住哪一层都有规定，有的楼一年到头都空着。他难以成眠，半夜还围着那些空着的小楼转圈，并自言自语：有些人硬要把我们往贵族老爷、帝王将相的位置上推，还怕人家不知道，在这儿修了当今帝王将相的庵堂庙宇咧！离开那个风景区时，彭德怀针对这件事，跟当地的一位负责人讲：你们也许是真心实意尊重我们，但我也要真心实意告诉你们，我们不是帝王将相！你们这样搞，是在群众面前孤立我们嘛。人们看到这些长期关闭的房子，会怎么想？不骂娘，起码他会觉得我们这些人太特殊了吧？这样搞，又有什么必要？我们来了，住个普通招待所有什么不好？看看人民住的什么？我们革命，不就是为了打倒压在人民头上的贵族老爷吗？（《在彭总身边》，四川人民出版社1979年版，第65页）

彭德怀的一生，官不可谓不大，从军长、军团长到八路军副总司令，从野战军司令员到西北军政委员会主席，从志愿军司令员兼政委到国务院副总理兼国防部长，因为工作所掌握的权力也不可谓不大，但他在工作和生活上公私一向极为分明，从来不为自己谋取私利，其清正廉洁的程度为一般人所想象不到。他身后一无所有，留下的是一颗不谋私利、克己奉公的丹心，一座不染一尘、极为清正廉洁的丰碑。

——摘自崔广陵《论彭德怀优秀崇高的政治思想品格》

## 4. 草鞋将军陈赓

1933 年 3 月，当时担任红军师长的陈赓不幸被捕。国民党捕获如此大官，如获至宝，立即向蒋介石报告。

蒋介石要人将陈赓押解来。有人为陈赓准备了纸和笔，要他面对蒋介石悔过自新。陈赓不假思索，振笔疾书，打倒蒋介石等语，顿时跃然纸上，蒋介石大失颜面，一时恼羞成怒，命令将陈赓关押起来。

几天之后，蒋介石再次将陈赓找来。这次，他极力装出恢宏的气度，和颜悦色，俨然将前几天的难堪与震怒忘得一干二净。

蒋介石亲自给陈赓上茶让座。陈赓知道其用意，直截了当对蒋介石说："你不用演戏了，不要对我抱有任何幻想。"

敢在蒋介石面前如此不恭，换上第二人，很可能身首异处，必死无疑。可蒋介石对陈赓触犯"龙颜"的"无礼"却不生气，他旁若无人，视而不见地摆出当年黄埔军校校长的姿态，居高临下地说：

"你不要激动，不要那么激动嘛，我看你还是当年在一块共事的脾气。年轻气盛干什么？今天不谈这个，谈点儿别的，我们多年没见面了，啊……有好几年了……"

见陈赓不语，蒋介石接着说："现在国家弄成这个样子，每天都有人流血，中国怎么总能这个样子呢？呵，是不是……"

陈赓忍不住打断他的话说："这还用你说吗？谁造成的这个局面？中国人心里都有数，你自己心里也有数，你不抗日，还发动内战，造成中国人打中国人，屠杀中国人民，难道这些还让中国共产党人负责吗？"

陈赓的话令蒋介石气愤，也令他失望，觉得继续谈下去，不会有什么结果。于是，他站起来踱着步子，若无其事地说："你还年轻啊，前途无量嘛，俗话说，人生一世草木一秋，转眼就是百年啊，你还是想开点。"

千锤万凿出深山，烈火焚烧若等闲。粉骨碎身浑不怕，要留清白在人间。

—— (明代) 于谦《石灰吟》

看到陈赓衣衫褴褛，十分破烂，蒋介石接着说："你也是大官了，还穿着这满是虱子的衣服，有失体面，有失体面啊。"

陈赓冷笑道："虱子天生和我陈赓有缘分，虱子是革命虫！怕你还生不得！"

这一番话气得蒋介石发抖，可他仍装出很有涵养的样子说："那你的鞋子总该换换吧。"

"我天生就是草鞋将军！用不着换。"

蒋介石看话不投机，悻悻地说："只要你肯过来，我马上给你个师长，就是让你当军长也是我一句话，怎么样？要不让你当特务总队长，只有你听我的，还像我们东征时那样很好地合作。一切保你满意，没有问题。"

听到这里，陈赓觉得再没有必要周旋了，大声地说："我一进你的门就直说了，我陈赓是中国共产党党员，绝不做你的狗官！更不会像你卖国求荣，背叛革命，背叛人民，成为千秋罪人，你想让我背叛革命，是打错了算盘！死了这条心吧。"

一番话令蒋介石彻底丧失了信心，无奈，只得让人把陈赓押回了监狱。蒋介石大概永远不会理解，共产主义为何令陈赓坚定不移。

为最后争取陈赓，在国民党监狱里，他们将一美女与陈赓押在一起，使其二人日夜形影不离。国民党和蒋介石劝降陈赓，看来真是煞费苦心了。尽管如此，陈赓仍然坚贞不屈，富贵不淫。后来，在党组织和宋庆龄的营救下，陈赓终于逃离虎口。

——佚名／文

## 5. 牛玉儒的一封家书

"烽火连三月，家书抵万金。"自古而今，关于家书的故事，我们已经听了很多很多。它们中有会心的微笑，有心酸的落泪，更多的是那化不开的浓浓亲情。可以毫不夸张地说，我们每个人都曾在家书的方寸之间动容过……

这样的诠释，对于习惯于电话、邮件的现代人来说，似乎有些老套。也许，家书注定要成为过去时代的一种符号，但维系在亲人间的那份真情，注定也是永恒不变的。这里，我们要讲述的是，新时期党员领导干部楷模牛玉儒同志的一封家书的故事。

这是 20 多年前父亲写给牛玉儒的一封普通家书。遗憾的是，由于时间比较久远，又经过多次辗转，这封家书现在已经无法找到。不过，牛玉儒的妻子谢莉依然清晰地记得信中的那些话语。

"我从不担心你会犯什么错误，就担心你能不能永远地去为人民服务，做一个堂堂正正的好官……"

"玉儒，你现在区里工作，咱们家的亲戚多，有这样那样的事情找你，你一定要拒绝，你不要在乎他们骂你六亲不认，骂你的声音越高，老百姓的信任越多。"

……

015

我们无法得知当年牛玉儒读这封信时的感受，也不知道年轻的牛玉儒在当时能不能理解父亲的一席话，但有一点可以肯定，牛玉儒没有辜负父亲对他的希望，他是老百姓眼里的一个堂堂正正的好官！

当年亲手寄出这封信的二嫂，含泪向我们讲述了"摔电话"的故事。

那是发生在 2002 年秋天的事。当时牛玉儒的侄子从电大法律系毕业已经一年多了，但一直没能找到正式的工作。看在眼里急在心里的二嫂坐不住了，瞒着老父亲从通辽来到了牛玉儒的家里，希望做叔叔的能够帮一帮亲侄子的忙。

一听说是为孩子找工作的事，牛玉儒皱起了眉头，没等嫂子把话讲完就说："二嫂，这个忙我不能帮。"听到这话，二嫂的眼泪立即掉了下来，尽管来之前已经有了心理准备，但她没想到牛玉儒连通融的机会都没有给。

又过了一段时间，孩子的工作还是没有头绪。一次偶然的机会，在人事局办事的二嫂无意中听到局长说：孩子他叔当市委书记，找工作还不好办吗？不就是一句话的事。说者无意，听者却有点动心了。乘老父亲出门散步的时候，思虑再三的二嫂还是拨通了玉儒的手机。让二嫂失望至极的是，电话那端，牛玉儒答复的第一句话竟然还是"这事我帮不了"。没等牛玉儒说完，怎么也想

人不能像走兽那样活着，应该追求知识和美德。

——（意大利）但丁

不通的二嫂就气呼呼地摔掉了电话……

经过自己的努力，2003年孩子终于找到了自己满意的工作。尽管如此，心怀芥蒂的二嫂还是不明白：小时候，玉儒与二哥总是形影不离；长大后，两人感情也一直不错。为啥玉儒就不帮这个忙呢？

直到弥留之际，当已经说不出话的牛玉儒双手紧紧握着哥嫂的手，眼睛里噙满愧疚泪水的那一刻，二嫂明白了：这个自称是"牛家最不孝的儿子"，并不是想象中的那么不近人情……

在妻子的记忆中，牛玉儒这个平常坚强刚毅的蒙古汉子，也曾有过一次流泪的时候。

2000年春的一个傍晚，包头市土右旗一辆接送学生的中巴车突然起火，9名学生不幸遇难，多名学生受伤。当时正在接待外宾的牛玉儒听到消息后，立即赶到现场指挥抢救工作。几位重伤员被转移到包头市医院救治后，牛玉儒一直在医院守到凌晨2点多。凌晨3点半，牛玉儒回到办公室，召开市长紧急会议，连夜部署全市安全工作。会议结束后，牛玉儒又赶回医院，看望受伤的学生、慰问伤员家长。当牛玉儒从医院出来时，已经是上午9点多了。这期间，牛玉儒连口饭都没顾得上。

这天晚上，已经熬了一个通宵的牛玉儒，翻来覆去怎么也睡不着。妻子心疼地问他是不是不舒服，面色凝重的牛玉儒哽咽了："我心里难受呀！这么多孩子咋一下就没了……"微弱的灯光下，两行泪水顺着牛玉儒的面颊无声地流了下来。

谁说牛玉儒是"六亲不认"的"铁石心肠"？妻子说，玉儒其实是个最重感情的人，但不管在哪里，他一直没有忘记父亲对他的嘱咐。在他的眼里，老百姓就是自己的亲人。

"平民书记老百姓的官。"这是个大实话，也是人们给牛玉儒的一个最好的评价。

——顾阳／文

## 6. 要和普通老百姓一个待遇的好书记王伯祥

新时期县委书记的榜样王伯祥信奉一条很朴素的理论："吃了人家的嘴短，收了人家的手软，不吃不收心里安然。头上没有小辫子，就不怕人家抓，就能理直气壮地同歪风邪气斗。心底无私天地宽，'天地宽'才能无所畏惧！"

1987 年，县百货公司经理知道王伯祥家收入不高，家里也没有件像样的家用电器，就按批发价卖给他家一台冰箱。妻子侯爱英租了一辆三轮车，把冰箱拉回了家。

王伯祥晚上一进家门，看到家里多了一件"奢侈品"，有点怀疑，就问侯爱英："你去买的吗？你舍得这么多钱？"

侯爱英正在照顾小儿子睡觉，轻轻地说："从百货公司批发的，享受了个批发价，少花了几百块钱。"

跑了一天已经疲惫不堪的王伯祥本来一句话都懒得说了，可侯爱英低得几乎听不清的话语却在他耳畔轰然炸响，他把侯爱英叫了出来，要问个究竟。

侯爱英只好把事情经过又说了一遍。王伯祥沉着脸说："这事你做得不对啊。百货公司经营是必须有利润的，还要交税，你把差价'吃'了，人家还创什么，用什么给职工发工资？"

里屋的孩子喊妈妈了，王伯祥还跟在侯爱英身后叮嘱："以后千万想着，在这些事情上，咱们要和普通老百姓一个待遇，绝不能搞特殊。"

第二天一上班，王伯祥做的第一件事就是打电话让百货公司经理到他的办公室，补交了五百元的差价款。

1990 年，王伯祥到省委党校进修学习了两个月，他妻子侯爱英跟车去看病，住了两晚上招待所。

过了几天，王伯祥回县里开会，问妻子："上次看病住的房间多少钱一晚上？"

侯爱英说："不知道，司机小林结的账。"

不患位之不尊，而患德之不崇；不耻禄之不伙，而耻智之不博。

——（东汉）张衡

王伯祥叫了起来："坏了，他肯定把你的房费一起报销了！"

第二天早晨回济南，他一上车就开始训小林："你大姨是到济南出公差吗？为什么不让她自己掏钱结住宿费？你怎么也学会假公济私了？"

走了一路，教训了一路。小林说："我马上找那家招待所重新开发票就是了。"

王伯祥说："这就对了！公就是公，私就是私，咱不能损公肥私。你年轻，来日方长，什么事都可能遇上，只有站得正走得直，才能经得起风浪。"

如今一些地方的一些人，总在有意无意地炫耀权力之荣耀，由羞羞答答变得大摇大摆，甚至是无所顾忌，把"本不应当"看成"理所当然"。公车私用已经习以为常，熟视无睹。王伯祥却遵守着一个"古老"的规矩：公车只能用于工作，不能用于私事；"我"的车只能用于"我"，不能用于"我们"。所以他的车从来不允许家属亲友乱乘，连老父亲来县城看望孙子，也得自己买票，来回坐公共汽车。

一次，张桂昌听说王伯祥的父亲看完孙子要回老家，正好王伯祥下午开会不用车，就想让司机把老人送回去。

这事不知怎么让王伯祥知道了，他沉吟良久，对张桂昌说："开完会说不定还要下去呢，还是我把老人送到车站吧！"

对王伯祥知根知底的张桂昌明白他的真实用意，却也只能由他。

王伯祥给父亲买好车票，送父亲上车，泪眼模糊地目送客车徐徐开动……

——佚名／文

# 7. 一文钱筛掉一个人

清康熙年间，北京城延寿寺街上有一家廉记书铺，一个江南少年站在离柜台不远处看书。这时，进来一位书生购买《吕氏春秋》。书生付款时不小心将一枚铜钱掉在地上，正好滚到那少年脚边。少年惊喜地斜睨着扫视一下周围，连忙挪动右脚把铜钱踩住。当书生付款离开后，少年俯身捡起这枚铜钱，他的举动凑巧被坐在店堂里的一位长者尽收眼底。长者凑过来主动与他攀谈，得知他叫范晓杰，父亲在国子监任助教，他随父亲从江西来到京城，在国子监读书多年了。长者听罢冷冷一笑离开了。

后来，范晓杰以监生身份进入誊录馆工作，不久通过了吏部考试，被派到江苏常熟县任县尉，范晓杰兴高采烈，风尘仆仆南下赴任。到南京的次日，就去上级衙门江宁府投帖报到谒见上司。当时的江苏巡抚汤斌就在江宁府，收了范晓杰的名帖，没有接见。范晓杰只好回驿馆住下等待。第二天再去，同样没有接见，一连跑了 10 天也没见到。到了第 11 天，他耐着性子又去，衙役向他传达了巡抚大人的命令："范晓杰不必去常熟县上任了，你已经被巡抚大人上奏弹劾，就要革职了。"范晓杰莫名其妙，迫不及待地问道："大人为什么要弹劾我，在下犯了什么罪？"衙役答道："贪钱。"

范晓杰非常吃惊，辩解道："我还没有到任，怎么就有了贪赃的罪证呢？一定是巡抚大人弄错了。"他请求面向巡抚大人陈述，以澄清事实。衙役进去禀报后，不久出来大声传巡抚大人的话："你不记得延寿寺街书铺中的事了吗？你当秀才的时候尚且贪图一文不义之财，如此毫无德行之人，侥幸当了地方官，怎么不会成为一个戴乌纱帽的强盗呢？常熟百姓有什么罪，要受你的盘剥？"

范晓杰搜索往事，方知在京城廉记书铺里遇到的老翁，就是现在的江苏巡抚汤斌。

一文钱断送了范晓杰的官运，让他还没有上任就被弹劾革职了。归根结底不是那一文钱有多厉害，而是人的品性太差，良心还没有铜钱眼大，当然掉进去出不来了。为官是一时的事，为人是一辈子的事，为人品性不行，为官亦不会有好结果的。

——摘自海若空编著《入世做事，出世做人》，
成都时代出版社，2009 年版

019

有道德始有国家，有道德始成世界。

——孙中山

## 8. 谁比谁更富有

有位非常有名的雄辩家为了一起诉讼案件前去罗马，途经爱比克泰德住处，特意去拜访这位哲学家。

雄辩家想跟爱比克泰德学习斯多葛派的哲学，但是爱比克泰德不相信这位雄辩家的忠诚，于是非常冷淡地接待了这位来访者。"你来寒舍，只不过是想借机批判我的风格，"爱比克泰德说，"而并非真诚地想向我学习一些我所坚持的原则。""不错！"这位雄辩家回答说，"不过，倘若我也像你一样潜心这些原则，我也会成为一个乞丐，就不会有金银餐具，不会有户从，也不会有土地。""我不需要这样的东西，"爱比克泰德斩钉截铁地回答道，"而且，不管怎样，你比我更穷。因为有没有庇护人，对于我来说可以不在乎，而你，却要依靠他谋取你的饭碗。我能不在乎恺撒大帝怎样看待我，我也可以从不对任何人阿谀奉承，这就是我的财富，它比你的金银餐具更宝贵。相反，你所拥有的金银器皿，只不过是用贪欲制成的陶器。而我的'金银器皿'，就在于我的心灵是一个无限广阔的王国，充满了欢乐和幸福，而不像你游手好闲，懒惰成性，还要依托庇护人来换得可怜的供你挥霍逍遥的沾满世俗的金钱。两相比较，对你来说，你的所有财富都显得那么渺小；而对我来说，我的财富是那么的弥足珍贵。你的贪欲是永无止境的，而我的欲望往往能适可而止。因此，我比你更富有，决然不像你所讽刺的那样，大言不惭地说我像一个乞丐。"

休谟曾说："道德原则是社会的、整体的。在一定程度上，它是人类反对邪恶、反对无序、反对敌人的一个部分。"因此，生活的经验警示我们，一个人除了要诚实之外，还必须要坚守自己的原则，从而能不偏离正道，坚持不懈地追求真理、正直与忠诚。因为一个人倘若没了原则，就会像一艘在大海中失去了航向的大船，随风飘荡，径自飘零。一旦如此，他就会沦为一个目无法律、目无规则、目无秩序、目无政府的人。

——摘自塞缪尔·斯迈尔斯著《品格决定成功》，
上海科学技术文献出版社，2010 年版

## 9. 不屈不挠迈向目标的林肯

1831 年 6 月的一天，美国南方城市新奥尔良的奴隶拍卖市场上，一排排黑人奴隶戴着脚镣手铐站在那里，他们都被一根根粗壮的绳子串在一起。奴隶主们一个跟着一个走了过来。像买骡子买马一样仔细打量他们，有时还走上前摸摸他们的胳膊，拍拍他们的大腿，看他们是不是长得结实，肌肉发达，将来干活有没有力气。奴隶主们用皮鞭毒打黑奴，还用烧红的铁条烙他们。这时，几位北方来的水手走了过来，他们都被眼前的悲惨景象惊呆了，其中一个年轻人愤怒地说："太可耻了！等一天我有了机会，一定要把这奴隶制度彻底打垮。"说话的这人就是亚伯拉罕·林肯，后来他当上了美国总统，真的实现了这个伟大的抱负。

1809 年 2 月 12 日，亚伯拉罕·林肯出生在肯塔基州哈丁县一个伐木工人的家庭，长大后，林肯离开家乡独自一人外出谋生，他什么活都干，打过短工，当过水手、店员、乡村邮递员、土地测量员、还干过伐木、劈木头的大力气活。不管干什么，他都非常认真负责，诚恳待人。他当乡村店员时，有一次，一个顾客多付了几分钱，他为了退还这几分钱竟追赶十几里路。所以，他到一处，都受到周围人的喜爱。1834 年，他当选为伊利诺斯州议员，才开始了他的政治生涯。

当时，美国奴隶制猖獗，1854 年南部奴隶主竟派遣一批暴徒拥入堪萨斯州、用武力强制推行奴隶制度，引起了堪萨斯内战。这一事件激起了林肯的斗争热情，他明确地宣布了他要"为争取自由和废除奴隶制而斗争"的政治主张。1860 年他当选为总统。南方奴隶主对林肯的政治主张是清楚的，他们当然不愿坐以待毙。1861 年，南部 7 个州的代表脱离联邦，宣布独立，自组"南部联盟"，并于 4 月 12 日开始向联邦军队发起攻击，内战爆发初期，联邦军队一再失利。1862 年 9 月 22 日，林肯宣布了亲自起草的具有伟大历史意义的文

土扶可城墙，积德为厚地。

——李白

献——《解放黑奴宣言》草案（即后来的《解放宣言》），从此战争形势才开始发生了明显的变化，北部军队很快地由防御转入了进攻，1865 年终于获得了彻底的胜利。此时，林肯在美国人民中的声望已愈来愈高了，1864 年，林肯再度当选为总统。

但不幸的是，1865 年 4 月 14 日晚上，林肯在华盛顿的福特剧院里看戏时，被南方奴隶主收买的一个暴徒刺杀。林肯的不幸逝世引起了国内外的巨大震动，美国人民深切哀悼他，有 700 多万人停立在道路两旁向出殡的行列致哀，有 150 万人瞻仰了林肯的遗容。林肯是一位杰出的政治家，为推动美国社会向前发展做出了巨大贡献，受到美国人民的崇敬，在美国人的心目中，他的威望甚至超过了华盛顿。革命导师马克思高度地评价林肯说，他是一个"不会被困难所吓倒，不会为成功所迷惑的人，他不屈不挠地迈向自己的伟大目标，而从不轻举妄动，他稳步向前，而从不倒退；……总之，他是一位达到了伟大境界而仍然保持自己优良品质的罕有的人物"。

——佚名 / 文

◎ 【编者小语】

中国古代的政治格言说，天下者，惟有德者居之，又常说施政要"以德服人"，"远人不服，则修文德以来之"。不讲道德的政治，是最恶劣的政治。古今中外论述政治与道德关系的经典文献数不胜数，如《大学》讲的修齐治平是中国数千年政治文明的基本理想，而毛泽东在追悼张思德会上的演讲《为人民服务》更是高度凝练地概括出中国共产党人的执政理念和政治品格。马可·奥勒留作为西方政治传统中的伟大人物，他所留下的西方政治文明中的经典名篇对我们来说，也有积极的借鉴意义。

政治家的品德最关乎政治的优劣。政治人物应当具备的德行中，最根本的就是"以天下为公"的那份公心，为此他应当对何谓人生幸福、对世俗的享受有清醒的认识；他还应当有担当重任和坚守原则的勇气，有谦逊的胸怀，和大度的气派。否则，他踏入政治领域就是一个错误，而他握有的权力越大，对人民的伤害就愈严重。

023

道德能帮助人类社会升到更高的水平，使人类社会摆脱劳动剥削制。

——列宁

## 第二章

# 法不责众乎——法律中的道德教化

　　1949 年，美国 20 世纪法理学大家富勒在《哈佛法学评论》上发表了一个后来被认为是史上最伟大的法律虚构案例：洞穴探险者奇案。

　　故事发生在纽卡斯国境内，洞穴探险者协会的五位会员到人迹罕至的深山探险。正当五位探险者进入一个山洞探索的时候，发生了一场山崩，洞口被山石牢牢堵住。救援工作付出了巨大的代价，除了耗费了大量资源之外，还有 10 位救援人员在一次新的滑坡中丧生。到这些探险者被困达 20 天的时候，无线电通讯联络得到恢复，而此时他们已濒临饿死的边缘。他们提出的第一个问题便是：还需要多长时间才能把他们救出去。得到的回答是还要 10 天。而救援队伍中的医生进一步指出，在 10 天之后，他们仍然活着的可能性微乎其微。沉默许久之后，他们又提出一个问题：如果他们杀掉其中的一个人并吃掉他，能否坚持到 10 天之后。医生很不情愿地回答：能。但没有任何人愿意就这样做的伦理和法律后果给出建议。

　　救援者终于在第 30 天的时候救出了 4 位被困者。他们得知，五位探险者中的一位——威特莫——已经被吃掉了。在决定谁被吃掉的时候，他们采取的是掷骰子的办法，而这一办法最初是由威特莫提出的。但他在大家准备掷骰子的时候忽然提出自己不参与这一过程。其余四人不同意他退出，并要求一人替他掷骰子。威特莫并未质疑这一安排的公正性。而掷骰子决策过程的结果是：吃了威特莫。

四位幸存者被控谋杀。初审时，陪审团仅就事实本身作出了认定：四人的确按其所描述的过程决定并实际杀死和吃了威特莫。陪审团要求法官在这一已认定之事实的基础上来判断四人是否有罪。初审法院作出的判决是：有罪，并处以死刑。四人随后提出上诉。

纽卡斯国最高法院由五位法官组成，他们分别是特鲁派尼、福斯特、基恩、汉迪和唐丁。现在他们的判决将决定四位被告的命运。

特鲁派尼首席法官认为，作为民主国家的法官，虽然同情心会促使法官体谅被告当时身处的悲惨境地，但法律条文不允许有任何例外。

第二位法官福斯特主张推翻初审法院的判决。他认为最重要的一点是，根据社会契约理论，纽卡斯国的刑法并不适用于这些受困于洞穴绝境中的探险者。

第三位法官基恩投下了维持初审法院判决的第二票。他说"法官宣誓适用的是法律，而不是个人的道德观念。"

第四位出场的汉迪法官主张撤销本案初审的有罪判决，他认同主流媒体的一个民意调查显示，大约百分之九十的受访者认为应该宽恕被告或仅给予象征性的处罚。民众的态度显而易见。因此"法庭应该考虑民情"，被告的被控罪名不成立。

鉴于四位法官的表决形成2比2的平手，最后出场的唐丁法官的态度就决定了被告的最终命运。唐丁法官最终做出最高法院历史上没有先例的裁决：宣布退出对本案的判决。

问题：如果你是第五位法官，你将如何作出判决？

如果洞穴奇案只是一桩永不会发生的奇闻，那么我们对它的研究、探索，不至于如此沉重，但是事实显然不会如此轻松，尽管不会绝对相同，但是与洞穴奇案类似的情形总在不断地呈现，让我们在法律和道德的两难之间做出艰难抉择，承受着不能承受的责任重负。

## ◎【品味经典】

### 1. 在全体人民中树立法制观念
——邓小平同志 1986 年 6 月 28 日在中央政治局常委会上的讲话

　　纠正不正之风、打击犯罪活动中属于法律范围的问题，要用法制来解决，由党直接管不合适。党要管党内纪律的问题，法律范围的问题应该由国家和政府管。党干预太多，不利于在全体人民中树立法制观念。这是一个党和政府的关系问题，是一个政治体制的问题。我看明年党的十三大可以提出这个问题，把关系理顺。现在从党的工作来说，重点是端正党风，但从全局来说，是加强法制。我们国家缺少执法和守法的传统，从党的十一届三中全会以后就开始抓法制，没有法制不行。法制观念与人们的文化素质有关。现在这么多青年人犯罪，无法无天，没有顾忌，一个原因是文化素质太低。所以，加强法制重要的是要进行教育，根本问题是教育人。法制教育要从娃娃开始，小学、中学都要进行这个教育，社会上也要进行这个教育。纠正不正之风中属于法律范围、社会范围的问题，应当靠加强法制和社会教育来解决。我们要把经验好好总结一下，使这方面工作来一个改善。

　　党管政府怎么管法，也需要总结经验。党政分开，从十一届三中全会以后就提出了这个问题。我们坚持党的领导，问题是党善于不善于领导。党要善于领导，不能干预太多，应该从中央开始。这样提不会削弱党的领导。干预太多，搞不好倒会削弱党的领导，恐怕是这样一个道理。上次找几位同志谈经济工作的时候，我提到要注意政治体制改革，包括党政分开和下放权力。我想中央的领导同志，特别是书记处的同志，要考虑一下这个问题。允许用年把时间搞调查研究，把问题理一理，把主意拿好，然后再下手。政治体制改革同经济体制改革应该相互依赖，相互配合。只搞经济体制改革，不搞政治体制改革，经济

027

善良是历史中稀有的珍珠，善良的人便几乎优于伟大的人。

——（法国）雨果

体制改革也搞不通，因为首先遇到人的障碍。事情要人来做，你提倡放权，他那里收权，你有什么办法？从这个角度来讲，我们所有的改革最终能不能成功，还是决定于政治体制的改革。

这半年端正党风的工作是有成绩的，但是不要估计太高，现在还刚刚开始。我们说从今年起狠抓两年，实际上两年以后还要继续干这件事，当然不一定要设专门机构。开放、搞活，必然带来一些不好的东西，不对付它，就会走到邪路上去。所以，开放、搞活政策延续多久，端正党风的工作就得干多久，纠正不正之风、打击犯罪活动就得干多久，这是一项长期的工作，要贯穿在整个改革过程之中，这样才能保证我们开放、搞活政策的正确执行。

——选自《邓小平文选》，第三卷，2000 年 11 月第 1 版

## 2.  法度分明，自取善恶——《韩非子》中的先贤论述

人主离法失人，则危于伯夷不妄取，而不免于田成、盗跖之祸。何也？今天下无一伯夷，而奸人不绝世，故立法度量。度量信，则伯夷不失是，而盗跖不得非。法分明，则贤不得夺不肖，强不得侵弱，众不得暴寡。托天下于尧之法，则贞士不失分，奸人不侥幸。寄千金于羿之矢，则伯夷不得亡，而盗跖不敢取。尧明于不失奸，故天下无邪；羿巧于不失发，故千金不亡。邪人不寿而盗跖止。如此，故图不载宰予，不举六卿；书不著子胥，不明夫差。孙、吴之略废，盗跖之心伏。人主甘服于玉堂之中，而无瞋目切齿倾取之患；人臣垂拱手金城之内，而无扼腕聚唇嗟唶之祸。服虎而不以柙，禁奸而不以法，塞伪而不以符，此贲、育之所患，尧、舜之所难也。故设柙，非所以备鼠也，所以使怯弱能服虎也；立法，非所以备曾、史也，所以使庸主能止盗跖也；为符，非所以豫尾生也，所以使众人不相谩也。不恃比干之死节，不幸乱臣之无诈也；恃怯之所能服，握庸主之所易守。当今之世，为人主忠计、为天下结德者，利莫长于此。故君人者无亡国之图，而忠臣无失身之画。明于尊位必赏，故能使人尽力于权衡，死节于官职。通贲、育之情，不以死易生；惑于盗跖之贪，不以财易身；则守国之道毕备矣。

【译文】

君主背离法治失掉人心，即使遇上像伯夷那样清廉的人都会有危险，更难避免田成、盗跖这类人的祸害了。为什么？如今天下没有一个伯夷，而奸人在社会上不断出现，所以要确立法律制度。坚决按照法制标准办事，那么，不但伯夷不会改变好行为，而且盗跖也不能为非作歹了。法制分明，贤人不能攫取不贤的人，强的不能侵扰弱的，人多的不能欺负人少的。把天下置于尧的法令管制中，忠贞的人就不会失去本分，奸邪的人就难存侥幸心理。把千金置于

---

害羞是畏惧或害怕羞辱的情绪，这种情绪可以阻止人不去犯某些卑鄙的行为。

—— （荷兰）斯宾诺莎

后羿的神箭保护下，伯夷就不会丢失了，盗跖也不敢窃取了。尧懂得不放过坏人，所以天下没有奸邪；拜技艺高超、箭不虚发，所以千金不会丢失。这样一来，奸人就活不长了，盗跖也不敢再活动了。这样一来，乱臣贼子，暴君贤臣，就都不会出现了。所以书籍里就不会记载宰予，不会提到六卿，也不会记载伍子胥，不会提到夫差了，孙武、吴起的谋略就会被废弃，盗跖的贼心也会被收伏。君主在王宫里过着甘食美衣的生活，再不会结下怒目切齿的仇恨，遭到篡权颠覆的灾难；臣下在都城中垂衣拱手，无忧无虑，再不会遭到意外的灾祸，激起强烈的怨恨。制服老虎而不用笼子，禁止奸邪而不用刑法，杜绝虚假而不用符信，这是孟贲、夏育感到担心的，也是尧、舜感到为难的。所以设下笼子，不是用来防备老鼠的，而是为了使怯懦的人也能制服老虎；立下法度，不是用来防备曾参、史绍的，而是为了使庸君也能禁止盗跖；制作符信，不是用来防备尾生的、而是为了使大家不再互相欺诈。不要只依靠比干那样的誓死效忠，也不要幻想乱臣会不行欺诈；而要依靠能使怯懦的人制服老虎的笼子，把握住能使庸君容易保住政权的法令。处在现在这个时代，为君主尽忠思虑，为天下造福的法宝，再没有比上述这些更符合长远利益了。所以做君主的没有亡国的前途，忠臣没有杀身的危险。知道尊法必赏，所以能使人们根据法制竭尽全力，誓死忠于职守。纵有孟贲、夏育一样勇猛的脾气，人们也不敢轻易地去送死；纵受盗跖一样贪心的迷惑，人们也不会为了财物去丧生；达到了这样的境界，确保政权稳固的原则就算完备无缺了。

——节选自《韩非子·守道第二十六》

### 3. 法律是我们道德生活的见证
### ——霍姆斯如是说

　　法律的历史就是人类道德演进的历史。道德的实践倾向于造就良民和善人，尽管许多人对此不以为然。我强调法律和道德的差别只有一个目的，那就是为了研究和理解法律。为此，你们须掌握法律的具体特征，我要求你们暂时想象一下你们对其他的和更伟大的事情无动于衷是怎样的情景的原因也在于此。

　　我并没有否认存在一个更广阔的视角，从它出发，法律和道德的区别是第二位的，乃至于是微不足道的，就像所有数学上的区别在无穷面前消失得无影无踪一样。但我要指出的是，就我们考虑的目标来说，区别是最重要的。我们的目标是对法律的恰当的研究和很好的掌握，这种法律是一项具有可理解之限度的事务，是一套特定领域里的信条。我已经提出了这样做的实践上的理由。如果你想了解法律而不是其他什么东西，那么你就一定要从一个坏人的角度来看法律，而不能从一个好人的角度来看法律，因为坏人只关心他所关心的法律知识能使他预见的实质性后果，而好人则总是在比较不明确的良心许可状态中去寻找他行为的理由，而不论这种理由是在法律之中还是在法律之外。即使你对你的问题的推理是不正确的，这种区分的理论重要性也不会减弱。法律中充斥着道德方面的辞藻，而语言连贯性的力量使我们意识不到谈论的问题已从一个领域转向另一个领域，除非我们的头脑中经常有各领域界限的意识。法律论及权利、义务、恶意、故意、过失，如此等等。在争论的某些时候，在法律推理中易于或者说常常在道德意义上使用这些词，因而陷入错误。例如，当我们在道德意义上说某人的权利时，我们所标出的是由我们的良心和理念确定的对个人自由可予以干预的界限，而不论这一界限是如何判定的。但是，可以肯定地说，许多过去一直有效的法律，它们中的一些现在还有效，虽然它们受到了

031

道德能帮助人类社会升到更高的水平，使人类社会摆脱劳动剥削制。

——（苏联）列宁

现在的最明智通达的人士的谴责，或者说无论怎样它们都逾越了大多数人的良心给出的限度。所以，显而易见，认为道德权利和宪法权利、法律权利相等同只会带来思想的混乱。毫无疑问，简单的和极端的案子都可能会超出法律的想象力之外，因为即使在没有成文宪法禁止的情况下，立法者也不敢去制定相关的法律，否则公众会揭竿而起。而这就为这样的观点，法律即使不是道德的一部分，也要受道德的束缚的观点提供了可信度。但是对立法权力的这种限制并不是和对道德体系的限制一样宽泛的。法律的大部分落在了相应道德体系的界限之内，而在某些案件中会越出这些界限，因为特定时期特定人们的习惯会成为越界的原因。我有次听到刚去世的阿加西（Agassiz）教授提起，如果每杯啤酒加两分，德国人民就会起来造反。在这种境况下的法律只是一纸空文，不是因为它是恶法，而是因为它无法实施。尽管我们对什么是恶法不能取得一致的意见，但没有人会否认恶法也能够实施而且现在正在实行。

——节选自奥利弗·温德尔·霍姆斯的《法律的道路》，
摘自《中外法学》，1999 年第 4 期

## ◎ 【故事里的事】

### 1. 谢觉哉：谁也不准搞特殊

1933 年 11 月，担任苏维埃临时中央政府秘书的谢觉哉，来到瑞金县检查政府工作。

谢觉哉对瑞金县苏维埃主席杨世珠开门见山地说，这次时间很紧，只有半天工夫，所以只能听听汇报，了解主要情况，但是汇报要实事求是，不能有半点虚假。可是，杨世珠在汇报时，只谈工作成绩，闭口不谈存在的问题，还一口一声"老首长"、"德高望重的老领导"，一个劲地讨好奉承，套近乎。谈及财政收支账目时，杨世珠或所答非所问，或前后矛盾，语焉不详，这不禁引起了谢觉哉的怀疑。

中午，瑞金县苏维埃政府财政部长兰文勋大摆酒席，说是为中央领导接风，谢觉哉当场给予了严厉地指责。他说，在苏区，谁也不准搞特殊，更不允许用公款吃喝。谢觉哉见到杨世珠、兰文勋等一脸慌乱神色，心中的疑点更多了。为了弄清真相，他趁午后休息时，走访了两位老干部，果然发现问题严重，于是马上派人向中执委作了口头汇报。

下午，谢觉哉在县苏维埃常委座谈会上突然宣布：延长检查时间。翌日，中执委派来工作组进行突击查账，发现会计科科长唐仁达侵吞各基层单位上交款项，共有 34 项之多，合计大洋 2000 余元。还顺藤摸瓜挖出了集体贪污款，数额高达 4000 余元。

谢觉哉这个平时慈眉笑眼的"好老头"，在县苏维埃常委会上对杨世珠、兰文勋等呵斥道："你们称得上是共产党员、苏维埃干部吗？当前战争够残酷的了，大家都在千方百计节省每一个铜板、每一斤口粮支援前线，想不到瑞金县竟有用群众血汗养肥的贪官污吏！"接着，谢觉哉代表工作组责令杨世珠、

033

忠诚的高尚和可敬，无与伦比。

——（匈牙利）裴多菲

兰文勋停职检查，并宣布将唐仁达逮捕法办。

结束检查后，他立即向毛泽东作了汇报。毛泽东十分赞赏谢觉哉的果断措施，认为惩贪治腐就必须这样雷厉风行，当机立断。为了从根本上铲除丑恶，谢觉哉又对毛泽东建议："必须立法建规，昭示天下，以便广大群众监督。"毛泽东听了，沉思片刻说："好，你谢胡子敢于开刀，我毛泽东决不手软！"

几天后，谢觉哉便按照毛泽东的指示，与项英、何叔衡等人讨论研究，起草了中央执行委员会《关于惩治贪污浪费行为的训令》。这是共产党领导下的人民政权最早制定和颁布的法制条文。

——黄纯芳 史宣／文

## 2. 彭真对儿子的叮嘱：当律师不能乱说情

到 2010 年，付洋已经做了 22 年律师。此前，他曾任全国人大常委会法工委经济法室副主任。

律师职业是人到中年的他，对人生与职业的重新选择。22 年以来，他最深刻的体会是，在律师工作中，遇到困难最多、最容易被误解、甚至执业风险甚高的就是刑事辩护。他时常回忆起父亲彭真，这位中国社会主义法制主要奠基人对于在刑事诉讼中实行辩护制度的观点和论述，以及对儿子从事律师职业的态度和嘱托。

对于我国的法律从业人员来说，有一句名言几乎是无人不知："发生了错案，在你看来是百分之一，但对被冤枉的人来说，就是百分之百。"付洋说，这句话就是 1956 年 3 月，彭真在第三次全国检察工作会议上提出的。

彭真当时说，"不要认为有百分之五的错案不要紧，就是百分之一错了也了不得，在你看是百分之一，对被冤枉的人来说就是百分之百，不要看是一个人，一个人就是一家，还有周围的亲戚朋友。一个错案在一个工厂、一个乡，周围十里八里的群众都晓得，影响很坏。因此，我们要严肃对待，该判的一定要判，冤枉的一定要纠正。"

在彭真看来，避免和纠正错案，不仅关系到公民的个人权利，而且关系到政法工作、社会主义事业的成与败。在1957年召开第三次全国公安会议上，彭真再次强调："如果一不小心出了岔子，错杀了人，承认错误也不能使死者复生，影响会很坏，很大的一个胜利就会被冲淡，甚至有关的根本是非也会被搞乱……等于给自己的脸上抹黑，会使我们在群众中的威信受到损失。"

彭真对儿子说："你选择律师职业不错，维护犯罪嫌疑人、被告人的合法权益，实际上也是在维护党和国家的形象，保障稳准狠地打击犯罪工作。"付洋体会父亲的思想、结合自己的工作，意味深长地说："不少律师对刑事辩护工作的重要意义认识不足，在误解和压力面前存在畏难情绪。作为律师从业人员，要看到，恪尽职守做好辩护工作，不回避、不退缩，不认为自己是在走过场，更不能把辩护当做走过场，是有重大意义的。"

律师是有价值的职业。付洋说，父亲说的不多，但他内心是肯定自己的选择的。有几次，彭真对儿子说："你选择律师职业不错。"

035

付洋记得，除这些简略的表态之外，父亲有两次说起律师工作，和他谈了一些话。第一次，是父亲以亲身经历的一个故事来告诫儿子："你们当律师，可不能不问事实乱说情。"另外一次，是在1996年制定《律师法》时，立法机关准备改变1980年《律师暂行条例》关于将律师界定为国家法律工作者的规定，领导要付洋问问父亲的意见，父亲表示同意，同时意味深长地说："律师不像执法机关，没有什么可以直接凭借的权力。"

——王丽丽 / 文

## 3. 吉鸿昌：认法不认情

抗日民族英雄，爱国名将吉鸿昌生平嫉恶如仇，对自己的亲戚也不例外。他家乡有一名叫吉星南的堂侄，仗恃他的名望，在乡里横行霸道。此人为霸占

入于污泥而不染、不受资产阶级糖衣炮弹的侵蚀，是最难能可贵的革命品质。

——周恩来

一妇女，竟把她的丈夫及母亲害死。凶手吉星南被押在县里一年多也没有法办。

吉鸿昌在家乡听到群众的反映后，他向乡亲们表示："请父老们放心，我吉鸿昌从来不作对不起乡亲们的事情。谁要想借我的名义欺压百姓，就是我的亲老子，我也决不宽容。"他还写信质问县长："我当师长，他杀人家全家，你不问罪；如我当了军长、总司令，他不就要杀死人家全村、全县吗？"接着，他亲自到县衙门提审杀人犯吉星南，立即宣判死刑，并把罪犯枪毙示众。这一行动大快人心，乡亲们莫不拍手称快。

在大青山以北通往呼和浩特市之间的蜈蚣坝，有一块当地群众为吉鸿昌立的修路纪念碑，还有吉鸿昌亲手在路旁石壁上写的"化险为夷"四个大字。

原来这是吉鸿昌在1926年驻军绥远、兼任省警务处处长时，发现蜈蚣坝这一南北通道要塞地势险要，常常造成伤亡事故而自己出钱，带领士兵，并在当地居民的支持下，打石放炮，用了几个月时间修成一条大路，车辆运行畅通。

至今群众立的碑和吉鸿昌题字还矗立道旁和石壁上，成为人们凭吊吉鸿昌的地方。

——佚名／文

## 4. 宋鱼水：愿法律的天空缀满星星

名列中国法官十杰的宋鱼水，不仅是誉满华夏的优秀法官，同时也是《真水无香》、《公正与善良的艺术》、《中国女法官》、《法庭风云》、《鱼水情》等影视剧和舞台剧的原型人物。人们说她为人是"鱼跃百川有容乃大，水流千江无欲则刚"，说她办案是"辨法析理，胜败皆服"。这既是对她的赞誉，也是她公正执法的真实写照。

1989年，宋鱼水从中国人民大学法律系毕业，被分配到海淀法院工作。她办理的第一个案子是为一个外地民工向一家被转让的饭馆讨要卖蔬菜的钱，原告是个起早贪黑给小饭馆送菜的民工。那一年，宋鱼水见到他的时候是个寒冬的早晨，他穿得非常单薄，破旧的衣服已经看不出颜色，尽管屋里有暖气，但他还是微微发抖。

这位民工告诉宋鱼水，他给一家饭馆送了一年的菜，该饭馆一直没给钱。临近年关，他冒着严寒一趟趟去要，求了服务员，求老板，饭馆的人烦了，连推带搡把他赶了出来。对弱者的同情在宋鱼水的心中油然而生，同时，她也提醒着自己：同情心不能代替法律的公正。

原来，那家饭馆因为经营不善，已经多次倒手，买了民工蔬菜的老板早就没了踪影。现在饭馆的老板说："法官，自从我租了这个店面，就没少遇到这种事，好多人天天追着我要面钱、米钱，我冤不冤？"

对此，宋鱼水依据法律规定向被告解释说："你不冤，这账虽不是你欠的，但你承租了这个店，你就应该先还上！按照法律规定，你可以向过去的承租人追偿，但你现在必须先把钱还上。"

案件顺利结案后，这位民工捧着薄薄钞票痛哭流涕，因为他重病的妻子和上学的孩子都在等着用钱。

法官身处化解社会矛盾的前沿，有时也会遇到蛮横无理的当事人。1996年的夏天，宋鱼水到深圳将传票送达一个当事人，由于住所变更，直到当天晚上九点，才从当地派出所了解到他的新住址。当事人是一个企业的老板，见法院的人找上门来非常恼怒，紧接着他打电话叫上来两个气势汹汹的彪形大汉。

宋鱼水示意同来的书记员出去联系当地公安部门，没想到他们一左一右横在门口，拦住去路。当时的气氛非常紧张，宋鱼水镇定了一下，直视着他，一字一顿地说："你现在面对的是处理民事案件的法官，如果你再这样嚣张地妨碍公务，站在你面前的将是审理刑事案件的法官。"宋鱼水的镇定明显震慑了他，交涉到深夜一点，终于让这名当事人低下头，在送达回证上签了字。

宋鱼水曾经对记者说过："这种危险，我经常遇到。在危险面前，我并不是天生的无所畏惧，而是我追求正义的信念，是这种信念给了我战胜邪恶的勇气和信心！"

宋鱼水同情弱者让人暖暖地感受到她的侠义心肠，而她为广大出租车司机、原告和被告双方出主意、化干戈为玉帛的故事，把法庭当做"调节器"，

037

> 法律的最终目标是使人们在道德上善良。
>
> ——（法国）马里旦

努力使纠纷得到有效的疏导和化解，却又让人感受到她心系社会稳定大局，追求和谐社会。

1997 年前后，北京市政府决定淘汰所有"面的"。一时间，几乎所有出租公司都向司机提出解除合同、收回车辆进行更新的要求。出租车是这些司机主要的生活来源，因此，他们纷纷提出补偿，一些司机还为此上访、静坐、围堵交通，有的到法院告状……

此案事关首都稳定，宋鱼水迅速分析案件性质、特点，及时传唤双方，明确告知出租公司：用司机的钱买车再租给他们，这种行为政策不允许，司机每天工作十几个小时，公司应该考虑他们的利益；同时，宋鱼水也给司机们讲解车辆更新的社会意义，要求他们顾全大局，相信法律，不要做出事与愿违甚至违法的事。

最后，多数司机与公司达成了协议，那些观望的公司和司机，也都依照法院裁判的原则，自行解决了纠纷。出租公司很快恢复了经营，司机们也心服口服。

对于个人之间的纠纷，宋鱼水更是苦口婆心地劝双方"私了"，化干戈为玉帛。原告周某与被告的黄某原本是大学同学，1993 年共同创建了一家公司，从事电脑软件的开发。后来黄某带着另外四名技术离开公司另立门户，2001 年 8 月，周某以他们侵犯了公司的商业秘密为由把他们告上法庭，通过法院冻结了他们的账户和财产，同时向海淀公安分局的经警大队举报了被告。

被告因此被拘留审查，在看守所待了好几个月，这更加深了双方之间的矛盾和个人恩怨，使案件的处理也变得十分棘手。面对双方当事人不理智情绪下的对各自利益的放任，宋鱼水努力在寻求另一种可能，她向双方解释：如果继续这样打下去，公司有可能就打垮了；而如果能和好，不仅公司的骨干没有流失，知识产权也没有流失，还能把双方的力量合起来，把公司做强做大，希望他们做出明智的选择。

"我建议双方共同成立一家股份制公司，并完全按《公司法》的条例来约定。"宋鱼水说，她在查清事实的基础上因势利导，促使一对冤家握手言和并成为盟友，进一步重新合作，两家小公司合并成了一家中型企业，公司的实力加强了。

为表达对法官的感谢，当事人双方特意将新公司的营业执照复印件送到法院，诚恳地表示，经过这场诉讼，他们对法律、对法官都有了全新的理解和认识。

当初的原告和被告也即现在的两位公司的股东，在共同讲述他们与宋鱼水的那段难忘的经历时说："我们真的很庆幸，我们遇到了宋法官这样一个好法官。不仅讨到了一个明明白白的说法，还为公司的发展找到了新的出路。她是当之无愧的'法官十杰'。"

——佚名／文

## 5. 还书：一则道德和法律的小故事

西弗森是美国加州一名 95 岁的老妇人，2010 年 12 月的一天，她在家清理房间，发现了一本名叫《水上飞机独自飞》的书，再一看书里的书签，她大吃一惊。原来，这本书是加州阿马尔县图书馆的藏书，这是她已去世多年的丈夫 1936 年借的，现在已逾期 74 年！

老妇人明白，如果现在将这本书归还图书馆，她就将支付高达 2000 多美元的罚金；如果她选择不归还，那么也不会有人找到她头上来。但她想到自己应该为丈夫的错误承担起责任来，于是她决定归还这本书并交纳罚金。

第二天，她把那本书交到县图书馆，并向接待她的图书管理员劳拉说明情况，表示愿意接受图书馆的处罚。

3 天后，西弗森接到了图书馆方面的通知，这本超期未还的书，应处以 2701 美元的罚金，请她到图书馆缴纳罚金，接受处罚。西弗森没有任何异议，带上钱款来到图书馆，在处罚决定书上签了字，把 2701 美元罚金交给了图书馆。当她交完钱要离开的时候，劳拉又向她宣读了一个决定：鉴于西弗森主动归还图书的真诚令人感动，所以图书馆方面决定奖励她 2701 美元，以示对她这种精神的表彰。

一位记者在采访图书馆馆长时问："为什么不直接免除她的 2701 美元罚款，

039

> 法律不可能使本质上是道德的或纯洁的行为变为犯罪行为，正如它不能使犯罪行为变为纯洁行为一样。
> ——（英国）雪莱

而要先罚后奖呢？结果不是一样的吗？"

馆长回答道："罚款是法律，谁也不能逃避法律的制裁，谁也没有权力改变法律的规定，所以这笔罚款她必须交；但作为图书馆方面，有权对优秀读者进行奖励，罚款和奖励是两回事，不能混为一谈，她得到的 2701 美元奖金，与她先前所交的 2701 元罚款没有任何关系，两者不是一回事。"

加州阿马尔县图书馆的做法体现了这样的理念：法律和道德是两码事，让规则看守这个世界，更安全可靠。

——孟祥海 / 文

## 6. 道德判你无罪

这是个真实的故事。

古特是柏林有名的小儿科医生，他和另外两位也是来自德国的朋友向一个爱尔兰人莫菲合租了一间阴暗破旧的房间。莫菲是个鳏夫，独自带着 5 个小孩，吉米是最小的一个。有一天，吉米突然病了，但古特表示不能替吉米治病，因为他还没有通过美国的国家医生执照考试。莫菲在白天请来过一个医生，是个老态龙钟、瘦骨嶙峋的意大利人。

午夜一过，吉米的热度不断升高，气息如游丝般微弱。古特催促莫菲再去叫大夫，一会儿后，莫菲却独自回来了。"他不愿意来。"莫菲喃喃说道，无助而愤怒的眼泪在他眼眶里打转，"上次看病的费用我还没付清，他坚持要先看到钱才肯来……"此时低矮的病房里挤满了邻人。大家窃窃私语并忙着凑钱，最后却失望地摇头叹息。莫菲怔怔地望着垂死呻吟的孩子，猛然转过身对古特吼道："好歹你也是个医生，看在上帝的份上，不要眼睁睁看着我的孩子死掉！"在场所有人的目光都集中在古特身上，古特脸色惨白。

古特此刻的心情十分矛盾。再过几个月他就可以参加美国国家医生执照考试，开始一个崭新的生活。如果他站在法律这一边，可以看到的是他灿烂的将来；

如果站到另一边，即道德一边，他就会辜负这个提供他新家园的国家，违反法律并失信于政府。而且万一被捕，他会丧失居留权，陷入无边的困境中。现在夹在中间的却是一个身患重病的小孩，在发烧和痛楚中瑟缩。强烈的同情感使古特终于作出了决定。他为吉米的小生命奋战了十天十夜，几乎未曾合眼，面容变得枯槁憔悴。吉米总算过了危险期，捡回一条性命。不过真正的故事才刚要开始。

正好在吉米可以下床的那一天，警察逮捕了古特，正是那个意大利裔的老医生告的密。这在邻居街坊中引起了骚动，一张张历经沧桑的面孔因愤怒而涨红。隔天这批人当中没有任何一个人去上班，大伙全都赶往纽约市立法院，把法庭挤得水泄不通，估计大概超过一百个人。古特被传讯时，这些人蜂拥而上，法官惊讶地望着下面这群奇怪而沉默的男男女女、老老少少。"有罪还是没有罪？"法官问道。在古特还没来得及开口之前，一百多个人齐声喊道："没有罪！""肃静！"法官呵斥道，指着站在古特背后的莫菲说，"你说说看。"莫菲开始叙述。法官专心听着，并环视着一张张的脸孔。"……所以我们就来到这里，"莫菲在结束时说，"我们已经凑足了钱，如果他因为自己所做的一切，其实只是为拯救一个小孩的生命，而被判罚金的话，我们已经准备好68块美金了。"

法官面带微笑站起来，举起木槌敲向桌面："古特先生，您违反了法律，"法官说，"原因是为了要遵循另一个更高的法律。因此我判您——无罪！"这是1935年1月24日在纽约市第二高等法院开庭的一桩真实案例。

这个故事尽管发生在70多年前，但给我们正确认识和处理法律与道德的关系，提供了深刻的启示。这名法官的判决无疑是正确的，因为他懂得法律，但他更懂得道德，把道德看成是更高的法律。这也就告诉我们，世上没有比道德更重要的了，一个有道德的人，会受到一切保护的。

——摘自王伟英《从两则违法事件说法律与道德》，
《道德与观察》，2009年第18期

法是道德行为的规则，它责成人们作出公正的行为。

——（荷兰）格劳秀斯

◎【编者小语】

　　法律与道德所调整和适用的范围，有相互重合的部分，也有相互矛盾的部分，单就与道德相关的法律而言，这一部分一般只是"最低限度的道德"，遵守这些法律规定，是道德的起码义务，但是法律不干预或是无法干预的，道德可以干预。如个人操守品质或是人际关系，从这个意义上说，道德适用的范围比法律广。那些与道德无关的法律，非道德所能调整，只能由法律调整。因此，怎样使法律道德化，道德法律化才是最关键的。法律所体现的道德为广大人民群众所接受，道德又具有法律的性质为人民所遵守，才是对法律与道德关系最完美的诠释。从邓小平同志到西方的法学家霍姆斯，他们从不同角度对法律和道德的关系进行论述，其中的一些见解直到今天看来，或振聋发聩，或意义深远。

　　当然，我们不是理论的研究者，作为一个个平凡的人，或许那些曾经发生在我们身边的关于法律和道德的故事，更能让我们深入思考这些问题，从而完善自己内心的道德认知和法律意识。综此所述，或许我们才更能体会林肯说过的那句名言：法律是显露的道德，道德是隐藏的法律。

## 第三章
# 明义利之辨——道德与经济驱动力

《战国策·国策》中有这么一个冯谖客孟尝君的故事。讲战国时期齐国的孟尝君好士，门下有食客数千人，其中有一个叫冯谖。有一天，孟尝君出了个通告，询问府里的宾客："有谁熟悉算账理财，能够替我到薛地去收债？"冯谖在通告上写："我能"。于是孟尝君派冯谖去收债，辞行的时候，冯谖问道："债款全部收齐，用它买些什么东西回来呢？"孟尝君说："看我家里缺少什么东西，就买什么。"冯谖赶着马车到了薛城，派出官吏召集那些应当还债的百姓都来核对借约。借约核对完了，冯谖假传孟尝君的命令，把借款赐给百姓，烧掉借约，百姓齐声欢呼万岁。

冯谖又马不停蹄地赶回齐国都城，一清早就要求进见孟尝君。孟尝君奇怪他回来这么快，便穿戴好衣帽接见他，问道："债款全收齐了吗？怎么回来的这么快呀？"冯谖回答说："收齐了。"孟尝君又问："用它买了些什么回来呢？"冯谖说："您说家里缺什么就买什么，我考虑您府里已经堆满了珍宝，好狗好马挤满了牲口棚，堂下也站满了美女。您府里缺少的东西要算'义'了，因此我替您买了'义'。"孟尝君问："买'义'怎么个买法？"冯谖说："如今您只有一块小小的薛地，却不能抚育爱护那里的百姓，反用商贾的手段向百姓取利息，我私自假传您的命令把借约烧了，百姓齐声欢呼万岁，这就是我给您买的'义'啊。"孟尝君不高兴地说："好吧，先生算了罢！"

　　过了一年，齐愍王对孟尝君说："我不敢拿先王的臣子作为自己的臣子。"孟尝君只好回到封邑薛城去住。走到离薛城还有一百里的地方，百姓扶老携幼，在大路上迎接孟尝君，整整有一天。这时孟尝君才猛然觉悟，意识到冯谖此举的良苦用心，他回头对冯谖说："先生替我买的义，竟在今天看到了。"

　　仁义不像钱或物那样实在看得见摸得着，因此孟尝君对冯谖"买"仁义非常不高兴。当孟尝君被齐王贬出回到薛城时，才认识到昔日失去的今天都加倍地得到了回报。义与利属于人生观和价值观的范畴，是历代思想家所重视的一个问题。马克思主义认为，义与利是辩证统一的关系。"义"指的是道德信仰，"利"讲的是物质利益，也即经济利益。义和利是相互联系的。道德信仰作为社会意识，不仅在经济基础上产生，而且还会随着经济利益关系的变化而变化；同时，道德信仰对经济利益的增长、分配进行调节、制约和指导。

## ◎【品味经典】

### 1. 社会主义必须摆脱贫穷
#### ——邓小平会见捷克斯洛伐克总理什特劳加尔时的谈话

一九七八年我们党的十一届三中全会确定了现行的方针政策。这八年多，我们的事情干得比较好。过去耽误太多，特别是"文化大革命"的十年，自己找麻烦，自己遭灾，不过教训总结起来很有益处。现在的方针政策，就是对"文化大革命"进行总结的结果。最根本的一条经验教训，就是要弄清什么叫社会主义和共产主义，怎样搞社会主义。搞社会主义必须根据本国的实际。我们提出建设有中国特色的社会主义，相信你们是理解的。

我们过去固守成规，关起门来搞建设，搞了好多年，导致的结果不好。经济建设也在逐步发展，也搞了一些东西，比如原子弹、氢弹搞成功了，洲际导弹也搞成功了，但总的来说，很长时间处于缓慢发展和停滞的状态，人民的生活还是贫困。"文化大革命"当中，"四人帮"更荒谬地提出，宁要贫穷的社会主义和共产主义，不要富裕的资本主义。不要富裕的资本主义还有道理，难道能够讲什么贫穷的社会主义和共产主义吗？结果中国停滞了。这才迫使我们重新考虑问题。考虑的第一条就是要坚持社会主义，而坚持社会主义，首先要摆脱贫穷落后状态，大大发展生产力，体现社会主义优于资本主义的特点。要做到这一点，就必须把我们整个工作的重点转到建设四个现代化上来，把建设四个现代化作为几十年的奋斗目标。同时，鉴于过去的教训，必须改变闭关自守的状态，必须调动人民的积极性，这样才制定了开放和改革的政策。开放是两个内容，一个对内开放，一个对外开放。我们首先开放农村，很快见效。有的地方一年翻身，有的地方两年翻身。农村取得经验之后，转到城市。现在城市改革已经搞了近三年的时间，要做的事情还多得很。对外开放，也很快收到成效。

人们常常将自己周围的环境当做一种免费的商品，任意地糟蹋而不知加以珍惜。

—— （美）甘哈曼

中国科学技术落后，困难比较多，特别是人口太多，现在就有十亿五千万，增加人民的收入很不容易，短期内要摆脱贫困落后状态很不容易。必须一切从实际出发，不能把目标定得不切实际，也不能把时间定得太短。一九八四年第四季度到一九八五年，发展速度比较快，但也带来一些问题。所以要调整一下，收缩一下。这也是好事情，我们取得了经验。

总的来说，我们确定的目标不高。从一九八一年开始到本世纪末，花二十年的时间，翻两番，达到小康水平，就是年国民生产总值人均八百到一千美元。在这个基础上，再花五十年的时间，再翻两番，达到人均四千美元。那意味着什么？就是说，到下一个世纪中叶，我们可以达到中等发达国家的水平。如果达到这一步，第一，是完成了一项非常艰巨的、很不容易的任务；第二，是真正对人类作出了贡献；第三，就更加能够体现社会主义制度的优越性。我们实行的是社会主义的分配制度，我们的人均四千美元不同于资本主义国家的人均四千美元。特别是中国人口多，如果那时十五亿人口，人均达到四千美元，年国民生产总值就达到六万亿美元，属于世界前列。这不但是给占世界总人口四分之三的第三世界走出了一条路，更重要的是向人类表明，社会主义是必由之路，社会主义优于资本主义。

所以，搞社会主义，一定要使生产力发达，贫穷不是社会主义。我们坚持社会主义，要建设对资本主义具有优越性的社会主义，首先必须摆脱贫穷。现在虽说我们也在搞社会主义，但事实上不够格。只有到了下世纪中叶，达到了中等发达国家的水平，才能说真的搞了社会主义，才能理直气壮地说社会主义优于资本主义。现在我们正在向这个路上走。

搞社会主义，搞四个现代化，有"左"的干扰。我们党的十一届三中全会以来，着重反对"左"，因为我们过去的错误就在于"左"。但是也有"右"的干扰。所谓"右"的干扰，就是要全盘西化，不是坚持社会主义，而是把中国引导到资本主义。我们已经解决了最近发生的资产阶级自由化思潮泛滥的问题，并且作了人事调整。

总之，我们要坚持走十一届三中全会以来确定的道路。现在走了八年多了，看来本世纪末的目标肯定能够达到。下一步五十年的任务更艰巨，相信我们的目标也能够达到。

——选自《邓小平文选》，第三卷，2000 年 11 月第 1 版

## 2. 孟子见梁惠王——孟子的义利之说

孟子见梁惠王。王曰："叟！不远千里而来，亦将有以利吾国乎？"

孟子对曰："王！何必曰利？亦有仁义而已矣。王曰：'何以利吾国？'大夫曰：'何以利吾家？'士庶人曰：'何以利吾身？'上下交征利而国危矣。万乘之国，弑其君者，必千乘之家；千乘之国，弑其君者，必百乘之家。万取千焉，千取百焉，不为不多矣。苟为后义而先利，不夺不餍。未有仁而遗其亲者也，未有义而后其君者也。王亦曰：仁义而已矣，何必曰利？"

### 【译文】

孟子拜见梁惠王。梁惠王说："老先生，你不远千里而来，一定是有什么对我的国家有利的高见吧？"

孟子回答说："大王！何必说利呢？只要说仁义就行了。大王说：'怎样使我的国家有利？'大夫说：'怎样使我的家庭有利？'一般人士和老百姓说：'怎样使我自己有利？'结果是上上下下互相争夺利益，国家就危险了啊！在一个拥有一万辆兵车的国家里，杀害它国君的人，一定是拥有一千辆兵车的大夫；在一个拥有一千辆兵车的国家里，杀害它国君的人，一定是拥有一百辆兵车的大夫。这些大夫在一万辆兵车的国家中就拥有一千辆，在一千辆兵车的国家中就拥有一百辆，他们的拥有不算多。可是，如果把义放在后而把利摆在前，他们不夺得国君的地位是永远不会满足的。反过来说，从来没有讲'仁'的人却抛弃父母的，从来也没有讲义的人却不顾君王的。所以，大王只说仁义就行了，何必说利呢？"

——摘选自《孟子·梁惠王上》

如果不谈谈所谓自由意志、人的责任、必然和自由的关系等问题，就不能很好地讨论道德和法的问题。

——（德国）恩格斯

### 3. 让贸易回到诚实的怀抱——孟德斯鸠的经济行为批评

亚里士多德的哲学思想传到了西方，受到了思想敏锐的人的青睐。在蒙昧的时代，这些人是时代的精英。经院哲学家们非常推崇亚里士多德的哲学，他们宁可从他的哲学中获得关于有息贷款的一些说教，也不愿意从《福音书》中查找有息贷款的渊源。

他们不分场合，不分青红皂白地责难有息贷款。因此，原来仅仅是"卑贱的人"从事的商业，则变成了"奸诈的人"从事的行当。因为无论何时，当一件原本可以有必要进行的事情被禁止的话，那么只能是促使那些"奸诈的人"去干这件事了。

贸易落入了一个当时毫无仁义廉耻之感的民族之手。很快，它就同可憎的高利贷、垄断、征收税金之外的献纳金以及所有攫取金钱的奸诈手段没有什么区别了。

靠敲诈勒索致富的犹太人，受到了君主们用同样手段的掠夺，这多少使老百姓们得到一些安慰，然而却不能减轻他们的痛苦。

在英国发生的事情能让我们对其他国家发生的事有一个大概的了解。约翰王为了占有犹太人的财产，就把他们全抓进监狱。这些人至少被挖掉了一只眼睛，几乎无人能幸免，因为国王亲自执掌司法大权。其中的一个犹太人每天被拔掉一颗牙，一连拔了七颗，到了第八天，他交了十万马克的银子算是买回了第八颗牙。亨利三世从约克郡的犹太人阿伦身上索要了一万四千马克的银子，还为女王索要了一万马克的银子。在那个时代，人们粗暴地行事一样，随心所欲地勒索钱财，只不过我们今天的粗暴还算是有一些节制。国王们本不可以凭借特权去翻臣民的钱包，但却能给犹太人施以酷刑，因为它们不把犹太人当人看。

最后，人们采用了一种惯例，即信奉基督教的犹太人，其财产将被充公没收。我们是通过废止这一惯例的法律条款中了解到这种做法的。没收人家财产的理由十分不切实际。他们说是想考验一下犹太人，并使他们摆脱恶魔的奴役。然而，这种没收实际上是赋予了君主或贵族某种获得分期偿还税收的权利。因为他们向犹太人征税，而一旦犹太人信奉了基督教，就可以不给他们纳税了。那个年代，对待人就像对待土地。我已经注意到了，一个又一个世纪，犹太民族是如何被人们戏弄的。当他们想成为基督徒时，其财产却要被没收充公；不久之后，又因为他们不是基督徒，而又要遭到火焚。

这时人们看到贸易正在走出失望和屈辱的怀抱，各个国家被轮番驱逐的犹太人找到了保护自己财产的方法，他们用这种方法为自己修建了固定的避难所，因为任何一个君主虽然愿意抛弃犹太人，但却不愿意因抛弃犹太人而失去犹太人的钱财。

犹太人发明了汇票。汇票的使用使贸易躲开了暴行，而又能维持下去。汇票使最富有的商人的资产全都不见了。由于有了汇票，商人的资产可以寄来寄去，而又不会留下任何痕迹。

神学家们不得不限制一下他们自己的原则了。于是曾被粗暴的同没有信义连接在一起的贸易，又重新回到了诚实的怀抱。

因此，我们也应该感谢经院哲学家们的空论和国王们的贪婪。正是这些一直伴随着贸易被破坏的不幸，使得产生了一种新的事物。它使贸易多多少少脱离了这些人的权利的羁绊。

从这时起，君主们统治国家就要比他们自己原来想象的更明智一些。因为暴政总是那么笨拙无力，这是一条公认的经验。除了仁政，没有任何东西可以带来繁荣。

人们已经开始清除马基雅维里主义，并将继续清除下去，劝说告诫要更加稳重。以前人们所说的政变在今天除了令人恐怖外，只不过是一些轻举妄动而已。

而且，当情欲刺激着人们做恶人的欲念时，环境则告诉人们还是不当恶人更为有利。这时，人们是多么的幸运啊！

——摘自孟德斯鸠《论法的精神》，孙立坚等译，2001年版

---

用鼓励和说明的言语来造就一个人的道德，显然是比用法律和约束更能成功。

——（古希腊）德谟克里特

## ◎【故事里的事】

### 1. 陈云：我定的规矩，我不能破例

陈云作为党内少有的工人、店员出身的领袖，在中国革命和建设的几个关键时期都做出过突出贡献。这既出于他自身的优秀品质，同时也与他所处的成长和工作环境密不可分。中国近现代最大的工业金融中心上海，是陈云人生轨迹起步的地方。

陈云受家境所限，只读完了小学，靠辛勤自学成才。他通过工作实践，了解了中国最近代化的城市；在长期农运斗争中，他又懂得了中国的乡村；后来又与国外的学习考察相结合，终于使他在思想认识上出现一次又一次飞跃，成为解决难题的能手。

陈云平生最爱竹——竹是虚心、正直、廉洁与坚韧等美好品质的象征，也概括了陈云性格的某些特点。"要讲真理，不要讲面子"是陈云在延安任中央组织部长时所写文章的题目。他强调，指导工作应采取"不唯上、不唯书、只唯实"的态度，就是一切从实际出发。

解放战争时，他刚到南满领导工作，当地的一些同志马上张罗给他挑一支好手枪。陈云微笑着回绝说："好枪还是给前方打仗的人吧，如果到了需要我用枪的时候，仗早打输了。"

每到一个地方，他总是先问粮、油、煤等物资供应的实际问题，很少讲空洞的教条。在国家经济建设的问题上，陈云有时跟中央的主要领导意见相左，却能率真直言。

1958 年"大跃进"时，面对钢、煤、粮、棉四大指标过高的数字，他指出这是难以完成的。三年困难时期，面对供应紧张、货币无法回笼的状况，他提出打破过去总宣传物价平稳这种讲面子的做法，适当地实行高价政策，由此

很快解决了财政难题。

1978年末党的十一届三中全会召开前，有关对彭德怀和陶铸等人的平反、康生的罪恶等问题还是大家都不敢触及的禁区。陈云却在会上率先提出这些问题，起到了一石激起千层浪的作用。

陈云自己的生活一向简朴，并始终严于律己。有一年，11月10日左右，北京的气温骤降。周恩来去陈云那里，发现陈云正拥着棉被坐着办公，仍抵御不住寒气。周总理看着于心不忍，马上表示特许这里提前几天烧暖气。陈云却坚持说："11月15日供暖的时间是我定的，我不能破这个例。"

——马祥林 徐焰 / 文

## 2. 谭震林攸县蹲点的故事

1957年4月21日，时任中共中央书记处书记的谭震林亲率工作组，到攸县上云桥乡蹲点。历时43天，他和干部群众同吃同住同劳动，他不坐小车，总是到处跑来跑去，与大家一起研究问题，一起解决问题，遇到一些疑难问题，总是亲自出面解决。他居庙堂之高，心忧其民，给攸县人民留下了宝贵的精神财富。这里记录谭震林的几件事，从中不难看出谭老的精神面貌。

谭震林同志选择的第一批五个试点社，是上云桥乡靠近县城的七一社、高二社、株山社、联星社和云西社。通过大量的调查研究，谭老发现，高级农业社存在的各种问题的中心，是社干部作风不民主。干部不民主，遇事独断专行，因此许多好事也就办成了坏事，各种矛盾也就会加深和尖锐。为了解决这个问题，他首先领导县委进行了县一级的整风，着重克服县干部的特权思想，狭隘的阶级观点和官僚主义作风，帮助他们端正认识，做到真正贯彻民主办社的方针。统一了县、区、乡干部和工作组的认识后，工作组下到试点社、队帮助整顿社队干部作风。

整社时，社员群众对5个社的204名干部中的89人就财务管理提了413

道德常常能填补智慧的缺陷，而智慧却永远填补不了道德的缺陷。

——（意大利）但丁

条意见，问题牵涉到社长、管委会成员、生产队长和保管员等人。为了弄清这些问题，谭老发动工作组成员和社员群众一道参加调查研究，逐一加以查实。高二社 1956 年死了 54 头耕牛，当时将牛肉的一半加工成熟牛肉与另一半生牛肉出售。在清账时，发现熟牛肉的重量只有生牛肉的一半，因此，群众怀疑干部贪污了牛肉钱，成了当时轰动全社的一桩大贪污案。谭老知道后，亲自去作实地调查。他去的那天，正好社里又死了一头牛，他叫工作人员称了两斤生牛肉当着群众的面煮熟后过秤，结果熟牛肉的重量正好是生牛肉的一半，群众疑虑顿息，干部也放下了思想包袱。

"一个 200 户的社死了 50 多头牛。"这在谭老的思想上引起了极大的震动。一个社百八头牛，死掉一半，这是什么原因？经过调查，谭老发现，原来是耕牛折价偏低，饲养户嫌工分少不负责任等原因造成的。后来谭老把耕牛问题列入整社中加强经营管理的重点，制定了措施，有效地防止耕牛的死亡。

——刘宗良／文

## 3. 扶贫书记黄文秀的"归去来"

习近平总书记对黄文秀同志先进事迹作出重要指示强调：

黄文秀同志研究生毕业后，放弃大城市的工作机会，毅然回到家乡，在脱贫攻坚第一线倾情投入、奉献自我，用美好青春诠释了共产党人的初心使命，谱写了新时代的青春之歌。广大党员干部和青年同志要以黄文秀同志为榜样，不忘初心、牢记使命，勇于担当、甘于奉献，在新时代的长征路上做出新的更大贡献。

黄文秀，生前为广西壮族自治区百色市委宣传部干部、广西壮族自治区百色市乐业县百坭村第一书记。2019 年 6 月 17 日凌晨，利用周末回家看望患癌父亲的她，在从百色返回乐业途中遭遇山洪不幸遇难，献出了年仅 30 岁的宝贵生命。

2016 年 7 月从北京师范大学毕业后，怀着回哺家乡的初心，回到百色革命老区，以广西定向选调生的身份，被组织安排到中共百色市委宣传部工作。2018 年 3 月，她积极响应组织号召，主动报名前往乐业县新化镇百坭村担任第一书记，来到这个位于大山深处、离百色市区 164 公里的村子，以一个女子的柔弱身躯肩负起百坭村 100 余户贫困人口的脱贫重任。

黄文秀到村后，找到村里老书记请教，主动到贫困户家里帮忙，到田间地头与他们边干活边聊天，还学了村子里常用的壮语和桂柳话，使村里人慢慢接纳了她。经过两个月的摸底，她基本摸清了村里的情况：百坭村共有 472 户 2068 人，2017 年未脱贫的为 154 户 691 人，因学致贫和因残、因病致贫占比最高。

她结合百坭村冬暖夏凉、雨水丰沛，适合种植沙糖桔、杉木、八角等作物的特点，邀请技术专家到现场指导、帮助村民筹集资金、帮助贫困户申请无息贷款，在当地建立电商服务站，将当地的沙糖桔等土特产远销全国各地，带动了村民收入的提高和村集体经济的快速发展。

百坭村五个屯都在山上，黄文秀在翻山越岭一遍遍走访贫困户的同时，还画下了详细的路线规划图，使村里的道路一步步得到修缮硬化。

针对过去村"两委"干部为群众办事不主动、群众办事找不到人的问题，她积极回应村民的需求和意见，抓严抓实干部值班坐班制度，白天安排专人值班，晚上带领村干部到群众家里走访；她规范村党支部党内政治生活制度，加强基层党组织建设，发挥党建促脱贫、党建引领文明乡风的作用。

驻村一年多，黄文秀针对每个贫困户的情况，多次组织召开扶贫研判会，通过异地搬迁脱贫、教育脱贫、产业脱贫等方式，带领 88 户实现脱贫，贫困发生率从 23% 降至 2.7%，村集体经济收入达 6.4 万元，获得了 2018 年度"乡风文明"红旗村荣誉称号。

她积极帮助考上大学的贫困生争取补助，让村里苦读的寒门学子获得读大学机会；为百坭村申请通屯的路灯项目，让村民可以安心走夜路；她生活简朴，却在村里贫困户有需要时慷慨相助；她几乎将所有的精力投入到百坭村脱贫的琐碎事务中……

在和村民黄仕京聊天时，她谈到回到这边远山村的原因，"百色是全国扶

若安天下，必须先正其身。未有身正而影曲，上治而下乱者。

—— (唐代) 吴兢

贫攻坚的主战场之一，作为自己的家乡，面对如此情况，怎么还有理由不回来呢？""我们党提出要教育扶持一批人脱贫，并且扶贫要扶志和扶智，这样一个切实为群众谋发展、谋福利的党，怎么能不响应它的号召呢？"

如今，"不获全胜、决不收兵"的铿锵誓言犹在耳边，只是功业未成，斯人已逝……

她说希望"让扶过贫的人像战争年代打过仗的人一样自豪"，只是党和政府接连送来的荣誉，她已无法看到。

而为打赢脱贫攻坚这场决战，在中国大地上，仍有无数像黄文秀一样的第一书记和帮扶干部在接续奋斗。他们中有很多人，告别亲人，放下爱情，舍弃本可一帆风顺的前程，走到最贫困的地区，跋山涉水，啃硬骨头，在清贫中践行青春的誓言，在沉默中孕育爆发的力量，用满腔的热血和不退缩的韧劲为苦瘠之地的百姓拼出充满希望的路。有的人，已经像黄文秀一样，付出了最美好的青春和生命。

他们，值得我们致以最崇高的敬意！

——摘自《共产党员网》，2019 年 10 月 21 日

## 4. 带领山村脱贫的"老马"

如果要问在行唐县中王庄村谁的人缘最好，十个人中有九个会说是老马。

挖井、修路、建奶牛小区、筹备文化活动中心、发展沼气池……3 年间，他带领大家干了 14 件实事，引领一个脏、乱、差的省级贫困村摆脱穷困，走上和谐发展之路，村民人均年收入增长近千元。

马金平，石家庄市房屋资产权属登记中心退休人员，一名被老百姓按手印挽留了 5 次的扶贫干部，一个在老百姓眼中能踏实干事的好人，一匹带领他们脱贫致富的"老马"。

2005 年 6 月，刚刚做完手术不久的马金平，提着行李登上百公里外行唐

县中王庄村的长途汽车，那年他 54 岁。

"全村 158 户，596 人，耕地面积 1100 亩，村民收入主要依靠传统种植业，人均年收入 2000 多元，属于省级贫困村……"在去的路上，马金平一遍遍回想着自己搜集的中王庄村的材料。尽管已经有了充分的心理准备，但下车后呈现在眼前的困难局面仍然超出想象。

马金平来之前，村里仅有的一口吃水井坍塌了。"老马，你可得给俺们想个办法，这回连'米汤'也没得喝了。"村长张胜军苦着脸说。

看着这个脏、乱、差的小山村，再回头看看跟着一路，满脸殷切的村民，老马暗暗下定决心：一定要带领他们脱贫致富。先修井，再修路。

为修井开了 3 天会，方案拿了好几个，最后卡在钱上：村民都穷得没钱。马金平悄悄回石家庄拿来 5000 元，拍在桌上：我先出！看着市里来的"大干部"都垫钱了，村民们封闭的心松动了……

井修好了，老马又瞄向了村里的 4 条小路。村里各种矛盾盘根错节，修路时，张家猪圈占了半边道，李家厢房错着一个角，王家大树站在路中间……马金平挨家挨户做工作，跑细了腿，磨破了嘴，终于把各种"羁绊"一一解开。

连续大干一个月，4 条小土路终于变成 800 米长的水泥路。路修好的那一天，老马也累倒了，大病一场。

2004 年以前，中王庄村散养着几十头奶牛，牛粪搞得村里蚊蝇满天飞，奶还常常交不上去。马金平来后，提议建个挤奶厅和奶牛小区，进行大规模养殖。马金平给大家算了一笔账：一头牛每天产奶 70 斤，每斤奶 1.2 元，如果一家养五头、十头，一年下来几十万元！村民受了益，城里人也喝到了放心奶。

马金平几次带村民参观标杆式挤奶厅和养牛小区，请县畜牧局科技人员传授知识。最后建起的挤奶厅和奶牛小区，能同时容纳 10 头奶牛挤奶，仅养牛每年村民增收上百万元。

2008 年 4 月，已经按过 5 次红手印的村民们，看着拖着病体却依旧奔波的老马，再也不忍心挽留他，敲锣打鼓把他送回了石家庄。

老马走得很坦荡：走时，悄悄给村支部副书记张四海留下了 560 元钱——三年来，无论在谁家吃饭，他都按每顿饭 3 元钱的标准仔细记在小本子上。

美德的道路窄而险，罪恶的道路宽而平，可是两条路止境不同：走后一条路是送死，走前一条路是得生，而且得到的是永生。

—— （西班牙）塞万提斯

老马走得很放心：行唐县各相关部门已经跟中王庄村结成一对一帮扶对子，主抓扶贫的副县长敦盾也感慨地说："以后对于老马这样的扶贫干部要提供更多的支持。"

老马走得很自豪：三年来，石家庄市房屋资产权属登记中心共救助中王庄大米9000斤，面粉9000斤，花生油2300斤；捐赠棉被、衣服2400件，电脑6台……折合人民币6万元。

"党派你干什么来了？就是让你解决老百姓困难来了，你不进村，不解决困难，还算是个党员吗？"马金平做到了，他无愧一个共产党员！

——摘自《光明日报》，2012年1月5日

## 5．舟山定海："我们的阿红书记"

她，是一位社区党支部书记，虽已获得众多荣誉，但仍不满足现有成绩，为了群众的富裕,她勇立潮头,一路向前,大家亲热地称她为"我们的阿红书记"。

她，一直有个金灿灿的梦想："富"了口袋，不能"穷"了脑袋，群众应该拥有自己的精神家园，为了这个梦想，她孜孜以求。

她是舟山市定海区干石览镇新建社区党支部书记余金红。在她的带领下，曾经是舟山本岛最偏僻的村庄，如今变成生机勃勃的农村新社区……

### 帮群众找条致富路

余金红个子不高，说话利索，始终面带笑容，走路像一阵风，步子特别大。

在舟山，余金红早就出了名，先后获得全国"三八"红旗手、省劳动模范、省为民好书记、省优秀共产党员等称号。13年来，在她带领下，1公里长的社区主干道建起来了，路灯亮起来了；社区里没工厂，她自己出钱做示范，在她的带动下，社区个体服装户发展到107户……

"群众都说，能搞成这样，不容易了。"和余金红同事多年的社区主任王缀

芬说。当时，余金红听了，丢下一句话："过去只是过去，躺在功劳簿上睡觉，我不干！"

过去的新建社区，大部分居民主要娱乐活动是看电视；还有些人在社区小店打扑克、搓麻将，周围一群人在旁观起哄。几年前，一个来社区装路灯的师傅看到这场面，对社区居民姚杏娣说："这种地方，生了儿子，也讨不到老婆！"

这话是实话，深深刺痛了余金红。"没特色，没文化，社区发展迟早会遇到瓶颈。"余金红发了狠：解决问题的办法，一定要赶在问题集中爆发前想出来。

狠话，说说容易，做起来难。足足半年时间，余金红看着风景如画的社区，愁眉不展。直到有一天，她沿着山路走时，突然冒出了主意："我们有绿水青山，难道不能搞旅游吗？"发展旅游产业，群众家门口就能赚钱；同时，人进来了，文化也能带进来了……越想，余金红越觉得该走这条路。

下决心前慎重，下决心后坚定不移，这是余金红的特点。她说干就干，立即四处拜师：杭州、宁波……功夫不负有心人。2009年初，余金红遇到一位艺术界人士，建议她：这里可以建个大学生采风实习基地，让艺术院校的大学生来社区写生、搞创作，群众不但可以在服务中获得报酬，还可以在耳濡目染中学点文化。

这个主意正好切合余金红的初衷。回来后，她绕着社区走了一圈，越走越有信心："我们附近有海，有山有水，大学生肯定愿意来写生。"

余金红算了笔账：全国艺术类大学生有近60万人，社区如果通过营销能抓住5%，就是3万人，这些学生在老百姓家里哪怕住15天，按照吃住一天50元的标准，就是一笔不小的数字……

一个想法渐渐成型：要把新建社区建设成全国艺术院校实习采风基地、青少年夏令营基地、艺术家休闲养生基地以及海岛休闲农庄。余金红当时在心里悄悄地为这个项目起了个名字："太阳谷"。

## 为群众建个太阳谷

余金红心中，一直有个目标：经济建设、文化建设相互推动。为了社区

那最神圣恒久而又日新月异的，那最使我们感到惊奇和震撼的两件东西，是天上的星空和我们心中的道德律。
　　　　　　　　　　　　　　　　　　　　　　　　—— （德国）康德

1500 多位居民，为了这块土地，她铁了心要把这个项目搞好。

没想到，方案一提出，各种质疑声不断："这里有什么人肯来？"、"万一不赚钱，投资找谁报销？"……

确实，在深山冷岙里搞旅游，让全国的艺术类大学生愿意在这里吃、住、写生，这在祖祖辈辈面朝土地背朝天的农民们看来，简直是天方夜谭。

"当得知共需 3000 万元投资时，大家不断埋怨，阿红书记会不会被人骗了呀？这么多钱去哪里找啊？"社区党支部副书记童玲玲说，开始时压力很大，她也曾劝过余金红，这件事做成功了，好处是大家的；干不好，过去的荣誉会一笔勾销。

余金红不傻，其中的利害她很清楚。整整一个月，她没睡过一个好觉：项目上还是不上，去哪里筹那么多的钱，万一失败了怎么向老百姓交代……

多少个辗转反侧的夜晚，多少个苦思冥想的白天后，余金红下定决心："干！无论如何，要借来外力，建设居民的精神家园。"

她调查后得知，徽式建筑最受写生的大学生欢迎，这是项目的关键一步。余金红和社区干部们挨家挨户向群众解释，要他们配合，把房屋改建成徽式建筑，便于将来开店或办农家乐。"一户人家走五、六趟是常事，最多的走了 10 多趟。"余金红说，尽管苦口婆心，群众却将信将疑，收效不大。

当时，周彩堂家余金红去的次数最多。"我身体有病，孩子要上学，自己要养老,总要留点钱。"周彩堂说，有一次，他妻子周荷叶甚至生气地对余金红说，钱投下去，万一不成功，村里是不是给她赔钱？

余金红进退维谷。愁眉不展之时，她突然想到：群众，是最实际的，要说服他们，关键是搞出实效来。一个主意浮上她的脑海。

余金红设法联系到宁波城市职业技术学院，说服学校派出 300 名艺术类大学生，在新建社区实习一个星期。结果，人走了，一结算，净赚 2 万元。

一次简单的试验，比什么话都有效，大家的态度一下子转变了："这个项目,看来有搞头！""我们这里，还真的有人肯来啊！"……原先难说动的周彩堂，很快借了 1.6 万元，第一个改建了房屋；在外面做生意的袁善娟回来了，不但改建了房屋，还买了七台空调，把农舍改建成"画春院"农家乐。

余金红继续新的奔波：筹措资金，寻找投资，争取各方面支持和参与：由国资、社区集体资金和民资构成的浙江舟山南洞海洋旅游文化有限公司成立了，公司把群众闲置的房屋租来，整修、加盖，变成农家旅馆。短短半年，社区所有房子改造成青砖黛瓦的徽式建筑。

"太阳谷"，渐渐从一张蓝图，变成了现实：一列老式蒸汽式火车落户新建社区，火车进来的那一天，人山人海，连周边村的村民也纷纷来围观；墙上，开始"长"出了色彩艳丽、符号抽象、图案夸张的绚烂图案，这是来社区实习的大学生们画的，社区不费一分钱，就得到了他们的随性之作，添了一道吸引游客的奇妙风景……

有吃、有住、有艺术作品可以欣赏……慕名而来的客人越来越多。仅2011年，来实习的艺术类大学生就已超过2万人次。

### 圆群众一个文化梦

游客、大学生来了，钱流进来了，群众的精神面貌也在改变。

袁海龙以前开三轮车跑短途运输，其父母则以卖菜为生。现在，他把自家的屋舍改建成"三岔口"农家乐。"有客人来，我烧菜，我父亲当服务员，我母亲洗碗碟，在家门口就能赚到钱。"袁海龙笑呵呵地说。

周国信原本开小店，蜂拥而至的游客更是让他开心："以前我每个星期进1次货就够了，现在最多一天进了6次货。"

几乎一夜之间，新建社区面貌发生了改变：8户以餐饮为主的农家乐出现了，15个以住宿为主的农家小院诞生了，一些外出打工的人开始返乡创业……原来，这里的房子几千元想要脱手都没人要；现在光把房子交给公司，一年就能收入一万多元租金。

群众的文化品位，也在悄悄改变。

64岁的陈定权，站在庭院里，一脸遗憾地看着邻居墙壁上一幅抽象画："可惜了，几个月之前不懂，现在才知道，那画比喜鹊有味道多了。"

几个月前，大家可不是这样的。有一名大学生在陈国梁的墙上画了一幅画，

---

如果良好的习惯是一种道德资本，那么，在同样的程度上，坏习惯就是道德上的无法偿清的债务了。

——（俄国）乌申斯基

陈国梁的母亲看了，立即找到社区："黑压压的一排人腿，不好看，晚上还吓人，一定要给我涂了。"那名哭笑不得的大学生只好上门，把画去掉，改画荷花、牡丹等大家容易接受的图案。

"好画，有两种：一种是那种花花绿绿、看不懂的；还有一种，是那些最像实物的。"60岁的吴荷素笑着说。她原本在家养猪、养羊，现在对画也略微懂了。

漫步在新建社区，清水潺潺，青砖黛瓦，衬着远处的深绿色山脉，让人流连忘返。"这么漂亮，我也不好意思再乱扔烟头了。"陈忠国抽完了烟，规规矩矩走上十几步，把灭掉的烟头放进垃圾箱。

现在，社区打牌的人少了，养花的人多了。记者见到一户农民家中摆放着整整齐齐的二十多盆兰花。

而在余金红办公室，记者看到一箱箱方便面。"她常常忙到下午两三点才想到吃饭，于是就吃碗方便面对付一下。"王缀芬觉得，这个项目实在是苦了余金红。

余金红不吭声，也从不说什么，但是这里人人都知道她付出了太多。她丈夫陈国校说，一年到头，只吃到她烧的一顿饭，根本没法顾家，早上出去，深夜才见到她。13年来，她很少有时间照顾女儿，女儿高考时，在熙熙攘攘送考的人群中，余金红还是缺席了，这一度让女儿很生气……

余金红停不下来，她心中还有新的计划：在新建社区建造一个全国最大的室外剧院，以吸引更多游客。名字，她也想好了，就叫"中国戏剧谷"。她说，项目建成后，这个深山冷岙会更热闹，群众的生活，一定会变得越来越好。

### 服务群众永葆先进

余金红，一名舟山农村的基层干部，一个近10年来不断被表彰的先进典型，但她没有躺在功劳簿上睡觉，而是继续攻难关、破难题，努力让群众增收、社区添色。

余金红用自己的行动，生动诠释了新时期应该怎样做好农村基层党组织负责人；怎样开拓进取，通过为民服务，带领群众致富，建设社会主义新农村；

新时期怎样把文化建设和经济建设相结合，使之相互推进，共同发展；怎样对待过去的荣誉，把压力变动力，始终起到模范带头作用，把共产党员的形象立在人民心中。

余金红是基层共产党员的先进典型，我们要学习她始终勇立时代潮头，永葆先进，扎根农村默默耕耘，无私奉献，服务群众，用真心、热心和爱心，践行入党誓言，走基层、办实事、解民忧，忠实履行党员职责。

我们要学习余金红坚定理想信念不动摇，坚持执政为民不松懈，坚守共产党人本色不改变。

——摘自《浙江日报》，2012 年 1 月 5 日

## 6. 两"村官"千里走单骑"化缘"修通幸福大道

两名年近半百的村干部多年来不辞辛劳，骑着一辆陈旧的摩托车从家乡出发，跋山涉水，风餐露宿，走遍赣、粤、闽三省，行程 3000 多公里，途经 13 个县市区，向在外务工的乡亲们"化缘"修路。一路风雨，为的是修好村里那条通往大山之外的致富大道，兑现自己对乡亲的修路承诺。他们就是安远县天心镇竹湖村干部唐文基、胡懂南。

新年伊始，安远县天心镇竹湖村通往大山之外的 11.2 公里水泥路顺利竣工。路通了，出行更便捷了，乡亲们致富的信心更足了。唐文基、胡懂南这对"好哥俩"正在谋划新年带领村民发展新产业，拓宽致富路。

日前，记者沿着这条新修的山路，走进竹湖，采访他们"千里走单骑"的感人故事。

### 再苦再难也要修好路

竹湖村是天心镇一个偏远的小山村，山清水秀，民风淳朴，有着茂密的竹林、清澈的山塘和 2000 多亩良田。但这里地势险要、重峦叠嶂，出山的唯

君子忧道不忧贫。

——（春秋）孔子

一通道是一条 10 多公里陡峭山路，道路狭窄、坑坑洼洼，就连轻便的摩托车也很难通行。

村里的几任干部都想修路，但一看到由于路程长、道路险峻且没有相关项目支持，只得望路兴叹。因为行路难，村里很多人都移民出去了。原先有 180 多户 1000 多人的村庄，现在只剩有 146 户 747 人了。

路，路，路！不仅牵绊着村民的心，更让村干部唐文基和胡懂南坐立难安。

聊起这条路，胡懂南激动地说："很多村民都有骑车摔跤的经历，我还在这条路上摔成了骨折，现在腿还一拐一拐的！"说着还起身走了走。

在平日里，唐文基和胡懂南是一对无话不说的朋友。看到这条阻碍村民致富的路如此难修，两人急在心头。他们经常为了修路的事聊至深夜：不能让村里人再受苦了，再难也要把路修好。2009 年 4 月，唐文基做出了一个大胆的决定：外出"化缘"修路。

### 风雨兼程忙"化缘"

2009 年 7 月，时任竹湖村党支部书记的唐文基开始了第一次的"千里走单骑"，"化缘"修路。他带着村委会主任胡懂南，两人骑着一辆陈旧的摩托车，拿上两套衣服，踏上筹资征程。

火热的 7 月，炎炎烈日也不挡不住他们"化缘"修路的热情。经过 5 个小时，他们首站到了赣州城，找到了在城里务工的村民林伟振、赖竹林等人。乡亲们看到两位年近半百的村干部为修路跑得满头大汗，如此费心费力，深受感动，纷纷慷慨解囊。

第二天一早，唐文基和胡懂南又骑着摩托从赣州出发去广东揭阳。时至中午，天下起了倾盆大雨，他们被淋成了"落汤鸡"，但是并没有停下前行的脚步。晚上 11 点半，他们拖着疲惫的身躯赶到揭阳市，在胡懂南亲戚家中借住一晚。

一早醒来，在揭阳务工的竹湖同乡看到两位来自家乡的村干部站在面前，又惊又喜，得知原委后，纷纷捐款。此后，他们风餐露宿，不远千里，先后辗转广东潮州、汕头、深圳等地。一个星期下来，两人跑了 3000 多公里，路上换了一个轮胎和一个排气管，总计花费 385 元，却筹集资金 6 万余元，"化缘"初战告捷！

千里"化缘"让村民们看到村里修路的决心，自发出钱出力，镇政府还为村里争取了村村通公路项目。去年 2 月，通往竹湖的水泥路在村民的期待中开工了。看着动工的路，唐文基和胡懂南喜忧参半，尽管筹到了大部分资金，但还有 12 万多元资金"缺口"。

开弓没有回头箭。这两位客家汉子面对莽莽大山，立下誓言：不管吃多少苦，一定要修好这条出山的路！

### 踏平坎坷成大道

2011 年 5 月 24 日，唐文基再次做出决定，再次骑摩托车外出筹钱。这次，他们在路上沉默不语，其实他们心中也没有底。毕竟在外务工的乡亲收入不高，之前他们又上门筹过钱。

行至广东梅州市水车镇时，摩托车胎被扎了，前不着村后不着店。于是，他们只好推车前行，推行 3 公里路后才找到人修好车，继续前行。

下午赶到揭阳市后，他们第一时间找到了开店铺的村民罗序伟、罗序藏兄弟。几杯茶的工夫，兄弟俩各捐了 300 元。随后，他俩又赶紧去找村民罗序增。因罗序增还在加夜班，他们只好选择在他回家的路口等。直到晚上 11 点，身心疲惫的唐文基和胡懂南才找到他，并借宿在工棚，省下了一笔住宿费。

第二天上午，他们又马不停蹄地赶到潮州。当大伙得知他们为了村里的路，千里迢迢又来找他们时，既意外又感动。大部分乡亲再次慷慨解囊。最后一站是汕头，因摩托车骑不进去，他们费了好大周折才找到流动党员罗序来。为了省钱，他们步行一个一个去找分散各地的乡亲凑钱。饿了啃点饼干，困了找个地方打个盹。在借住的工棚里，一些外地工友不解地问："你们骑车几千公里这样去筹钱，到底傻不傻？"唐文基不假思索："为村民办事，吃点苦不算什么。如果我们不抓紧时间修好致富路，那才叫傻呢！"

此次外出筹款，虽然比第一次少得多，只有 1 万多元，但同样让唐文基

让自己完全受财富支配的人是永不能合乎公正的。

—— (古希腊) 德谟克利特

063

看到了胜利的曙光。

两次"化缘"，唐文基与胡懂南骑摩托车，途经赣、粤、闽三省，历经 13 个县市，但所花的费用不超过 800 元。

小人物，真英雄。安远不少党员干部、个私老板被唐文基与胡懂南执著修路的精神感动，纷纷捐款。县里一些"三送干部"还主动要求挂点竹湖村，协助该村修路。许多在外务工的村民经常打电话给唐文基，不断询问修路进展情况。

去年底，为了赶工期，唐文基干脆把村部当成了自己的家，吃住在村部。目前，在社会各界支持下，竹湖通往山外的 11.2 公里水泥路已修好。从此，世代居住在这里的山民将告别肩挑手提走山路的历史。

看到一批批脐橙等特产运出大山，唐文基与胡懂南欣慰地笑了。

——摘自《江西日报》，2012 年 1 月 9 日

# 7. 信誉的种子

20 世纪初，到美国的移民非常重视节俭，他们尽量把每一分钱都积攒下来。纽约市的佛兰普科斯·罗迪便成立了一家小银行，来吸收移民的存款。

1915 年圣诞节前夕的一天，这家银行的出纳员外出午餐，只有罗迪一个人在屋子里。就在这时，3 个蒙面歹徒冲进来，把罗迪关进厕所，然后将银行里的 22000 美元席卷一空。储户们听到这一消息，都蜂拥前来提款。

一位银行家对罗迪说，银行遭遇抢劫，这是天灾，既然已经宣布破产，你就没有任何责任了，存款也不用还了。罗迪说，法律上也许是这样的，不过，我个人是要认账的，这是信誉上的债务，我一定要归还。

罗迪为了还债而努力奋斗，他白天杀猪，晚上为人补鞋，还让年龄大一点的小孩上街卖报。罗迪听说一位身患重病的寡妇无力抚养孩子，她曾在罗迪这里存了 375 美元，罗迪首先还给她 100 美元，另外每月还她 10 美元，让她付房租，以免流离失所。

由于时间太长，有的储户记不清了，罗迪就在保险公司、教堂、开发商甚至在当地报刊登广告，寻找存款人。他从一篇新闻报道中，发现加利福尼亚有 3 位久未寻到的储户，便把存款分别寄给了他们。这 3 个人收到钱后异常感动，其中两个人把钱退回来，请他转给穷人或他们的孩子。

1946 年圣诞节前夕，银行被抢 31 年后，罗迪还清了 250 位储户的 18000 美元存款。因为第二次世界大战而散居世界各地的罗迪的孩子也再次团聚到了一起，一家人决定重操旧业，于是罗迪银行再次开始营业了。

接下来，这些散居美国各地的罗迪的老储户们不管距离有多远，都特地来到纽约，把钱存到罗迪银行里。同时他们还把自己的亲戚和朋友也介绍到这里来存款。罗迪的故事在报纸上登出后，感动了很多美国人，他们都愿意把钱存到讲信誉的罗迪银行。这样，罗迪银行逐渐发展壮大，在美国银行业中占有了一席之地。

播下信誉的种子，然后低下头用坚定与责任去浇灌呵护，当生命的下一个季节来临，偶然抬起头，会看到有硕果缀满你家后院的每一棵树。

——摘自《八小时以外》

良心是由人的知识和全部生活方式来决定的。

—— （德国）马克思

## ◎【编者小语】

经过不无痛苦的探索，中国终于选择了社会主义市场经济制度——这个目前唯一可能让全体人民更快过上更好日子的道路。这要感谢我们改革开放的总设计师邓小平，他在 1987 年 4 月 26 日会见捷克斯洛伐克总理什特劳加尔时谈话指出的"社会主义必须摆脱贫穷"，至今看来都有积极的意义。然而，在市场经济大潮的冲击下，中国人的传统伦理道德也经受着严峻的考验。在经济文化高度发达的西方，亦是如此，尤其是一些商业巨擘和思想大家都对此有深刻的认识或反省，所以我们摘选了孟德斯鸠对道德和经济行为的精辟论述。

随着人们收入水平普遍提高，普通人在作为消费者的同时，成为投资者或经营者的机会也越来越多了。诚实守信的道德准则有利他的一面，但也是每个交易者保护自己利益的最佳选择。因此，舆论在正面宣扬"毫不利己，专门利人"的道德楷模的同时，也应该正面地宣扬，诚实守信的市场经济道德既能利他，也可自利。人人遵守这个道德底线，可以大大降低买卖双方的用于防范、监管的交易成本，从而提高效率，促进生活幸福。在我们选取的诸多小故事里，就很生动地体现了上述这些理念。

# 第四章

# 心中道德律——道德义务论

新中国知识分子的优秀代表蒋筑英常说："要看到国家的需要，为国家解决实际问题。"晚上，他在家看到电视图像不清，第二天就主动跑到电视台帮助查找原因，讲授摄影技术。

一次他在外地出差，接到天津电视台关于解决飞点扫描彩色电视电影彩色还原效果不好的求援信，便不顾旅途的辛劳，同老科学家冯家璋一起连夜赶往天津，先是查明原因，后来又亲自帮助制作了颜色玻璃滤光片，解决了这个难题。他还热情帮助工厂解决了生产上遇到的难题，国内十几个省、市有关光学产品生产的工厂都留下了他的足迹。长春几家光学仪器厂把他看作自己的参谋和顾问，蒋筑英也常往这些工厂跑，他鼓励大家说："长春是全国光学基地，大家加把劲一定要赶上去！"

有人劝蒋筑英："依你的学识和才华，何不趁年轻时多写几篇论文，把许多时间花在为别人服务上，太可惜了！"蒋筑英笑着说："我向来以别人的需要当作自己的责任，一个科学工作者怎能对生产实际问题袖手旁观呢？"

同样的故事也发生在数学家华罗庚身上。新中国诞生的消息传到美国以后，已是伊利诺伊大学终身教授的华罗庚，享有优厚的薪俸、汽车、洋房、荣誉，但这一切再也羁绊不住他那颗炽热的爱国之心。他毫不犹豫地响应祖国的号召，回到自己祖国参加社会主义建设事业。

当他路过香港时，他写了一封长达万言的公开信，情真意切地呼吁爱国知识分子放弃国外优越的物质生活，投入祖国的怀抱。他在信中说："梁园虽好，非久居之乡。归去来兮！为了抉择真理，我们应当回去，为了国家民族，我们应当回去，为了为人民服务，我们也应当回去，就是为了个人出路，也应当早日回去，建立我们的工作基础，为我们伟大的祖国的建设和发展而奋斗。"在公开信问世后的二十五年漫长岁月里，无论是天空晴朗的时光，还是在风雨如晦的年月，他都始终恪守着自己的诺言，为祖国的繁荣昌盛奋斗不息，向人们展示了他"祖国中兴宏伟，死生甘愿同依"的爱国热心。

蒋筑英和华罗庚都是新中国知识分子的杰出代表，他们心中的道德律最重要的部分就是对祖国、对人民的爱。

## ◎【品味经典】

### 1. 刘少奇论共产党员的修养

在中国古时，曾子说过"吾日三省吾身"，这是说自我反省的问题。《诗经》上有这样著名的诗句："如切如磋，如琢如磨"，这是说朋友之间要互相帮助，互相批评。

这一切都说明，一个人要求得进步，就必须下苦功夫，郑重其事地去进行自我修养。但是，古代许多人的所谓修养，大都是唯心的、形式的、抽象的、脱离社会实践的东西。

他们片面夸大主观的作用，以为只要保持他们抽象的"善良之心"，就可以改变现实，改变社会和改变自己。这当然是虚妄的。我们不能这样去修养。我们是革命的唯物主义者，我们的修养不能脱离人民群众的革命实践。

对于我们最重要的，是无论怎样都不能脱离当前的人民群众的革命斗争，而是必须结合这种斗争去总结、学习和运用历史上的革命经验。这就是说，要在革命的实践中修养和锻炼，而这种修养和锻炼的唯一目的又是为了人民，为了革命的实践。这就是说，我们要虚心地学习马克思列宁主义的立场观点和方法，学习马克思列宁主义创始人的高贵的无产阶级的品质，并且运用到自己的实践中去，运用到自己的生活、言论、行动和工作中去，不断地改正、清洗自己思想意识中的一切与此相反的东西，增强自己无产阶级共产主义的意识和品质。这就是说，我们要虚心地倾听同志们和群众的意见和批评，仔细地研究生活中、工作中的实际问题，细心地总结工作中的经验教训，并且根据这些去检验自己对于马克思列宁主义的了解是否正确，运用马克思列宁主义的方法是否正确，去检查自己的缺点错误而加以纠正，去改进自己的工作。同时，我们要根据新的经验，研究马克思列宁主义有哪些个别结论，在哪些个别方面，需要

069

在一个人民的国家中还要有一种推动的枢纽，这就是美德。

——（法国）孟德斯鸠

加以充实、丰富和发展。总之，我们要使马克思列宁主义的普遍真理和具体的革命实践相结合。

这应该是我们共产党员修养的方法。这种马克思列宁主义的修养方法，和其他唯心主义的脱离人民群众的革命实践的修养方法，是完全不同的。

为了坚持这种马克思列宁主义的修养方法，我们必须坚决反对和彻底肃清旧社会在教育和学习中遗留给我们的最大祸害之———理论和实际的脱离。在旧社会中，有许多人在受教育和学习的时候，认为他们所学的是并不需要照着去做的，甚至认为是不可能照着去做的，他们尽管满篇满口的仁义道德，然而实际上却是彻头彻尾的男盗女娼。

国民党反动派尽管熟读"三民主义"，背诵孙中山的"总理遗嘱"，然而实际上却横征暴敛，贪污杀戮，压迫民众，反对"世界上以平等待我之民族"，甚至去和民族的敌人妥协，投降敌人。有一个老秀才亲自对我说：孔子说的话只有两句他能做到，那就是"食不厌精，脍不厌细"，其余的他都做不到，而且从来也没有准备去做。既然这样，他们还要去办教育，还要去学习那些所谓"圣贤之道"干什么呢？他们的目的就是要升官发财，用这些"圣贤之道"去压迫被剥削者，用满口仁义道德去欺骗人民。这就是旧社会的剥削阶级代表人物对于他们所"崇拜"的圣贤的态度。当然，我们共产党员，学习马克思列宁主义，学习我国历史上的一切优秀遗产，完全不能采取这种态度。我们学到的，就必须做到。我们无产阶级革命家忠诚纯洁，不能欺骗自己，不能欺骗人民，也不能欺骗古人。这是我们共产党员的一大特点，也是一大优点。

旧社会的这种遗毒，难道就完全不会影响我们吗？会有影响的！在你们同学中，固然没有人学习马克思列宁主义是为了去升官发财，去压迫被剥削者。然而在你们中难道就没有这样想的人了吗？就是说：他们的思想、言论、行动和生活不一定要受马克思列宁主义原则的指导，他们所学到的原则也不打算全部加以运用。在你们中又难道就没有这样想的人了吗？就是说：他们学习马克思列宁主义，学习高深一些的理论，是为了将来好提高自己的地位，夸耀于人，使自己成为有名的人物。我不能担保，在你们中完全没有这种想法的人。这种想法是不合马克思列宁主义的，不合马克思列宁主义的理论和实践相联系这一根本原则的。我们一定要学习理论，但是学习到的就必须做到，而且是为了用才去学习的，为了党、为了人民、为了革命的胜利才去学习的。

毛泽东同志说："马克思列宁主义的伟大力量，就在于它是和各个国家具体的革命实践相联系的。对于中国共产党说来，就是要学会把马克思列宁主义的理论应用于中国的具体的环境。成为伟大中华民族的一部分而和这个民族血肉相连的共产党员，离开中国特点来谈马克思主义，只是抽象的空洞的马克思主义。因此，使马克思主义在中国具体化，使之在其每一表现中带着必须有的中国的特性，即是说，按照中国的特点去应用它，成为全党亟待了解并亟须解决的问题。洋八股必须废止，空洞抽象的调头必须少唱，教条主义必须休息，而代之以新鲜活泼的、为中国老百姓所喜闻乐见的中国作风和中国气派。"我们的同志必须遵照毛泽东同志在这里所说的方法，去学习马克思列宁主义的理论。

——节选自刘少奇《论共产党员的修养》，2002 年 5 月第 2 版

恭、宽、信、敏、惠。恭则不侮，宽则得众，信则人任焉，敏则有功，惠则足以使人。

——（春秋）孔子《论语·阳货》

## 2. 把握道的原则 ——《淮南子》中的道德义务论

或曰："无为者，寂然无声，漠然不动，引之不来，推之不往。如此者，乃得道之像。"吾以为不然。尝试问之矣："若夫神农、尧、舜、禹、汤，可谓圣人乎？"有论者必不能废。以五圣观之，则莫得无为明矣。古者，民茹草饮水，采树木之实，食蠃蚌之肉。时多疾病毒伤之害，于是神农乃始教民播种五谷，相土地宜燥湿肥墝高下，尝百草之滋味，水泉之甘苦，令民知所辟就。当此之时，一日而遇七十毒。尧立孝慈仁爱，使民如子弟。西教沃民，东至黑齿，北抚幽都，南道交趾。放讙兜于崇山，窜三苗于三危，流共工于幽州，殛鲧于羽山。舜作室，筑墙茨屋，辟地树谷，令民皆知去岩穴，各有家室。南征三苗，道死苍梧。禹沐浴霪雨，栉扶风，决江疏河，凿龙门，辟伊阙，修彭蠡之防，乘四载，随山刊木，平治水土，定千八百国。汤夙兴夜寐，以致聪明；轻赋薄敛，以宽民氓；布德施惠，以振困穷；吊死问疾，以养孤孀。百姓亲附，政令流行，乃整兵鸣条，困夏南巢，谯以其过，放之历山。此五圣者，天下之盛主，劳形尽虑，为民兴利除害而不懈。奉一爵酒，不知于色，挈一石之尊，则白汗交流，又况赢天下之忧，而海内之事者乎？其重于尊亦远也！

且夫圣人者，不耻身之贱，而愧道之不行；不忧命之短，而忧百姓之穷。是故禹之为水，以身解于阳盱之河。汤旱，以身祷于桑山之林。圣人忧民，如此其明也，而称以"无为"，岂不悖哉！

### 【译文】

有人说："所谓无为，就是寂然无声，漠然不动；拉他他不来，推他他不去。像这样子，才叫把握道的原则。"我则不是这样认为。

试问："像那神农、尧、舜、禹、汤，可以称圣人了吧？"明白道理的人肯定不会作否定的回答。从这五位圣人身上，可以看出他们不可能是"无为"的，这是十分清楚的。远古时候，人民吃野菜、喝生水，采树上的果实充饥，吃生的螺蚌肉裹腹，经常得疾病和受到有毒食物的伤害。在这种情况下，神农便开始教导人民播种五谷，观察土壤的干燥潮湿、肥沃贫瘠、地势高低，看它们各适宜种什么样的农作物，神农还品尝百草的滋味、泉水的甜苦，让人民知道怎样避开有害的东西、趋就有益的事物。这个时候，神农一天之中要遭受七十余次的毒害。尧帝确立奉行孝慈仁爱，对待人民就如同对待自己的子女。他亲自西临沃民国，东至黑齿国，北到幽都，南达交趾。他将讙兜流放到崇山，把有苗迁徙到三危，把共工流放到幽州，又在东方的羽山将鲧杀死。舜帝建造了房屋，修筑了土墙，用茅草、芦苇盖屋顶，使人民不再住野外穴洞，都有了房屋家室。他又去南方征讨作乱的三苗，死在去苍梧的途中。夏禹冒着暴雨、顶着狂风，疏导江河，凿通龙门，开辟伊阙，修筑彭蠡湖堤防，乘坐四种交通工具，奔忙在河道、平原、丘陵、沼泽，随着山势砍削树木作记号，平整土地、治理水域，这样安定了一千八百个国家。商汤起早摸黑，用尽智慧思考国家大事；减轻赋税，使人民能过得宽松富裕；布施德惠，以救济贫困；凭吊死者，又宽慰病人，供养孤儿寡妇。因此人民亲附汤王，使政令能顺利执行。在这样的德政下，汤王在鸣条整治军队，把夏桀围困在南巢，谴责夏桀的罪行，然后把他流放到历山。这五位圣王，都是天下威望很高的君王，他们劳累身体，绞尽脑汁思虑国事，为人民兴利除害不敢有丝毫的松懈。捧一爵酒，脸上不会显出吃力的样子，但要提起一石重的酒樽，就非得出汗不可，更何况现在是承担天下的忧虑、担负海内外的事情呢？这一副担子要比一樽酒重得多啊！

073

再说，作为圣人又不以自己低贱为耻辱，而倒是为不能实行"道"而惭愧；作为圣人不以自己寿命短而忧虑，而倒是忧虑人民百姓的穷苦困窘。所以夏禹治水，是拿自己的身体为牺牲，在阳盱河边祈祷神灵消除灾难；商汤时干旱，汤王在桑山之林祈祷，愿意以自己的身体为牺牲求苍天降雨。圣人忧虑人民的疾苦的事明摆在那里，还要说他们"无为"，这难道不荒谬吗？

——节选《淮南子·修务训》

---

自决心是进步之母，自贱心是堕落之源，故自觉心不可无，自贱心不可有。

——邹韬奋

### 3. 康德：道德是绝对命令

道德行为必须出于义务，而非出于爱好。

有些行为，已经被公认为违背义务，虽然它们对这个或那个目的是有用的。我在这里把这些行为统统抛开，因为它们既然与义务相抵触，就根本不发生是不是出于义务的问题。还有些行为，实际上是合乎义务的，人们对这些行为并没有直接的爱好，尽管如此却还是这样做，其所以这样做，是出于其他爱好的驱使。

我也把这些行为撇开，因为在这种情况下，那合乎义务的行为是出于义务还是出于私心，是容易分清的。很难看出这一分别的，是这样一种情况：行为既合乎义务，行为主体又有这样做的直接爱好。例如，商人不对没有经验的顾客抬价，当然是合乎义务的；在生意兴隆的地方，明智的商人也并不那样做，而是对每一个人都收同样的定价，使小孩也同别人一样来买他的东西。这样，他就是诚实待人了；可是这并不足以使我们相信这个商人这样做是出于义务和诚实的原则；他的利益要求他这样做；我们在这件事情上不能设想他此刻还有一种对顾客的直接爱好，似乎他不在价钱上特别优待任何人是出于喜爱。所以这种行动既不是出于义务，也不是出于直接的爱好，而只是出于私心。

另一方面，保命是一个人的义务，同时也是每一个人直接爱好的事。但是，由于这个缘故，大多数人的那种为了保命而惶惶不可终日的小心谨慎，是并没有内在的价值的，他们的准则是并没有道德意义的。他们保全自己的生命虽是合乎义务的，但是并非出于义务。与此相反，如果一个人饱经忧患，绝望之余，已经毫无生趣；如果这个不幸的人非常坚强，对自己的命运十分忿怒，而不沮丧泄气，愿意死去却仍然坚持活着，活着并不是爱活，并不是出于爱好或畏惧，而是出于义务，那么，他的准则就是有道德意义的。

第二个命题是：一件出于义务的行动之所以有道德价值，并不在于它所要达到的目的，而在于它所依据的准则，因此并取决于行动对象的实现，只是取决于行动所根据的用意原则，与欲望的对象完全无关。我们行动时所抱的目的，我们行动的后果，即意志的目标或动机，并不能使行动具有无条件的道德价值。从上面的分析看来，这是很明显的。那么，道德价值如果不在意志中，不在意志所期待的后果上，又能在哪里呢？它只能在意志的原则中，与这种行动所能达到的目标无关。因为意志处在一个中间地位，好像站在岔路口，一边是它的先天原则，这是形式的，另一边是它的后天动机，这是实质的；既然意志必须被某个东西所决定，当一个行动出于义务时，意志就必定是形式的用意原则所决定的，因为完全脱离了实质的原则。

第三个命题是从以上两个命题推出来的。我要把它表达成这样：义务，就是必须做一个出于尊重规律的行动。一个对象，作为我所要做的行动的结果，我虽然可以对它有所爱好，却决不能对它有所尊重，其所以如此，正因为它是意志的结果，并不是意志的活动。同样情形，一般爱好，不管它是我的还是某个人的，我也不能对它有所尊重，至多在第一种情况下，我可以重视它，在第二种情况下，我甚至可以喜欢它，也就是说，把它看成对我有利。只有那仅仅作为根据、决不作为结果与我的意志结合在一起的东西，那不为我的爱好服务、却克制我的爱好、至少在抉择时完全不考虑爱好的东西，总之，只有规律本身，才能是尊重的对象，因而是命令。既然一个出于义务的行动应当完全排除爱好的影响，以及一切意志对象，那么，给意志剩下的，能够决定意志的，在客观方面就只有规律，在主观方面就只有对这条实践规律的纯粹尊重，即奉行这一准则：即使牺牲我的一切爱好，也要遵守这样一条规律。

……

有一种律令直接命令我们去做某事，不要把它当做达到另一目的的条件。这种律令就是直言律令。它不问行动的实质，也不问行动的后果，只问行动所遵循的形式和原则；行动之所以本质上是好的，应于用心好。这种律令可以称为道德的律令。

要把人当做目的看待，绝不要把人当做手段使用。

假如有一样东西，他的存在本身就有一种绝对的价值，他就是目的本身，可以当做特定规律的依据，那么，在那样东西里，也只有在那里，才有一条可

075

不是不能见义，怕的是见义而不勇为。

——谢觉哉

能的直言律令的根据，即实践规律的依据。

现在我说：人，总之一切理性动物，是作为目的而存在的，并不是仅仅作为手段给某个意志任意使用的，我们必须在他的一切行动中，不管这行动是对他自己的，还是对其他理性动物的，永远把他当做目的看待。一切爱好对象都只有一种有条件的价值，如果爱好不存在，建立在爱好上的要求不存在，爱好的对象就没有价值了。爱好本身，作为要求的来源，并没有一种绝对的价值，本身并不值得追求，完全摆脱爱好倒应该是一切理性动物理学普遍愿望。所以，一切通过我们的行动去获得的对象，永远只有有条件的价值。有些东西的存在并不靠我们的意志，是靠自然的，它们如果是无理性的动物的话，就只有一种作为手段的相对价值，因此称为物，而理性动物则称为人，因为他们的本性就已经表明他们是目的本身，不能仅仅是主观的目的，因我们的行动而存在，对我们具有一种价值。而是这样一种目的，这种目的是不能为任何其他目的服务的，因为如果没有人，就根本没有什么具有绝对价值的东西了；如果全部价值都是有条件的，因而是偶然的，理性就根本不可能有最高的实践原则了。

所以，如果要有一个最高的实践原则，如果对人的意志来说，要有一种直言律令，那它就必须是这样一个原则：这个原则要来自一样东西的表象，那东西必然是每一个人的目的，因为它就是目的本身，构成了意志的客观原则，因而能够充当普遍的实践规律。这个原则的根据是：理性的本性是作为目的本身而存在的。

人必须把他自己的存在看成这样；就这一点说，人的存在就是人的行动的客观原则。每一个别的理性动物也是根据同样的理由把自己的存在看成这样，这个理由对我也是有效的。所以这个原则同时也是一个客观的原则，一个最高的实践原则，从其中应当可以推出意志的一切原则来。所以，实践的律令就是下面这句话：你的行动要把人性，不管是你身上的人性，还是任何别人身上的人性，永远当做目的看待，绝不仅仅当做手段使用。

——摘自严春友《精美思想读本》，山东友谊出版社，2008 年 1 月第 1 版

## ◎【故事里的事】

### 1. 任弼时：永生的"骆驼精神"

在中国共产党"七大"后选出的"五大书记"中，任弼时年龄最轻，遗憾的是去世最早。他 1920 年 16 岁时，就加入先于中国共产党成立的社会主义青年团，1950 年，46 岁时英年早逝。30 年，在历史的长河中是简短的一瞬间，但是他为推翻旧中国压在人民头上的三座大山，创立了辉煌的业绩。他的名字和毛泽东、周恩来、刘少奇、朱德一起，以中国共产党第一代成熟的领导者而载入史册，他的革命精神——人们有口皆碑的"骆驼精神"，则一代又一代地哺育着后人，激励着后人，成为无穷的力量。

叶剑英同志第一个称颂任弼时同志为"我们党的骆驼，中国人民的骆驼"，礼赞他"担负着沉重的担子，走着漫长的艰苦的道路；没有休息，没有享受，没有个人的任何计较"。在纪念弼时同志九十诞辰时，画家古元在作品的题款中，颂扬他"负重任劳，取之甚少，予之甚多。不管炎寒风旱，总是昂着头迈着坚实的步子前进。"他们形象生动地勾勒出"骆驼精神"的内涵。

正因为他对"长而且远"的革命征途有深刻的预见，所以，他能像"沙漠之舟"的骆驼那样，以战斗的韧性和顽强的耐力为实现"同天共乐"的"大福家世界"奋斗。

这种战斗的韧性和顽强的耐力，越是在革命遇到艰难险阻时，越能闪耀出光芒。在任弼时 30 年的征途中，中国革命先后遭遇两次严重的挫折：

第一次是 1927 年。由于蒋介石、汪精卫的背叛，陈独秀右倾投降的错误，五卅运动中发展起来的 5 万多名共产党员，几个月之内被敌人摧残得只剩下 1 万多人，宛若星星之火。在革命濒临严重危机的关头。任弼时一面竭力主张土地革命，一面和右倾投降主义以及因革命急性病而产生的"左"倾盲动主义作

只有在不仅消灭了阶级对立，而且在实际生活中也忘却了这种对立的社会发展阶段上，超越阶级对立和超越这种对立的回忆的、真正人的道德才成为可能。

——（德国）恩格斯

斗争。他和毛泽东、周恩来、瞿秋白等，不顾安危，分头走上了农村和城市探索革命的道路。他告诫在白色恐怖下的共产党人："无产阶级的政党只是当它能够获得广大群众的信仰与拥护，随时可以调动群众起来斗争的时候，方才能表现其伟大的力量。"因此，不应"脱离群众去求党的安全"，而是"要转变国共合作时期的旧方式去应付秘密环境下的新工作"，更加严密组织，尽量利用公开半公开的方式，发展下层统一战线，教育工农，组织工农，开展日常的细微的斗争。与此同时，要把军事工作放到"重要的位置"，建立统一的红军，在武装割据的地区，把军事斗争与土地革命、建立苏维埃政权汇合起来，有"整个的规划与指导"。大革命失败后，他在龙潭虎穴的秘密环境坚持斗争3年半之久，两次被捕入狱。敌人可以摧残他的肌体，但丝毫不能动摇他的革命意志和信念。这种不屈不挠的战斗韧性和耐力，对于革命运动起了重大的作用。

第二次，是反对蒋介石的第五次"围剿"战争失败后，党在苏区的工作损失了百分之九十，白区工作几乎损失百分之百，红军不得不撤离根据地长征。任弼时率红六军团从湘赣突围，拉开长征的帷幕。他和贺龙率领的红军一道，在湘鄂川黔建立新的根据地，策应中央红军转移。在中央红军处于极端困难的时刻，他们牵制蒋军20个师，有力地配合中央红军入川，堪称战略配合的模范。之后，率部北上，在甘孜和红四方面军会合，建立红二方面军。在张国焘分裂党和红军的严重关头，他和朱德、刘伯承、贺龙等一道，克服了分裂主义的危机，实现红军三大主力会师。当时，在王明路线的破坏下，全国党员由长征前的30万人，锐减到不足4万人，重要的干部大都集中在红军队伍中，维护了红军的团结统一，最大限度地挽救了党。

作为一种不朽的精神，它代表一个不朽人物的品德、风范和神韵，是通过时间的积累、实践的检验和无数的事实凝铸而成的。它无时不在，无处不在，在平凡中见伟大，于细微处见精神。任弼时同志离开我们45年了，但是他的革命精神，包含着不屈不挠的革命韧性和耐力，取之甚少、予之甚多的艰苦奋斗以及鞠躬尽瘁、无私奉献的"骆驼精神"，将是永生的。

——摘自《中华魂》1994年第1期

## 2. 朱光亚：遥远苍穹中最亮的星

他一生就做了一件事，但却是新中国血脉中，激烈奔涌的最雄壮力量。细推物理即是乐，不用浮名绊此生。遥远苍穹，他是最亮的星。

2011年2月26日，"两弹一星"元勋、著名核物理学家朱光亚因病辞世。巨星陨落，德艺留芳，以他名字命名的"朱光亚星"在苍穹中绽放恒久的光芒，激励科学道路上的后人。

从20世纪50年代末开始，朱光亚在核领域奉献了大半辈子，直至2005年退休。

"祖国的父老们对我们寄存了无限的希望，我们还有什么犹豫呢？"——听到新中国成立的消息后，还在密执安大学读书的朱光亚组织起草了《给留美同学的一封公开信》，然后毅然选择回国，先进入北大教书，后转到核武器研究所。

1964年，我国自行研制的第一颗原子弹成功爆炸，朱光亚望着腾空跃起的蘑菇云，禁不住潸然泪下。筚路蓝缕，以启山林。当晚，作风严谨的他竟然喝得酩酊大醉。三年后，朱光亚与同事们又将中国带入了氢弹时代。

重要的核试验，朱光亚几乎都会亲临现场指导，不解决问题不罢休。对待需要撰写或修改的文件，朱光亚力求深入浅出，字斟句酌，连一个外文字母、一个标点符号都保证准确无误。

淡泊名利，身边人喜欢用这个词来评价朱光亚。1996年，朱光亚获得一笔100万元港币的奖金，转身就捐给了中国工程科技奖励基金会；1997年，又将积攒的4万余元稿费捐给了中国科学技术发展基金会。解放军出版社曾策划出一套国防科学家传记丛书，报请审批时，他毫不犹豫地划掉了自己的名字。

肃然起敬，卓越功勋，他代表的群英，使我们的民族——自强，自信，自力，自尊！

——佚名 / 文

优良的品德是内心真正的财富，而衬显这品行的是良好的教养。

—— （英国）约翰·洛克

### 3. 雷锋：永远活在我们心中的榜样

人人都记得毛泽东提出的"向雷锋同志学习"的号召。这位解放军的普通战士，在党的培养下成长为全国人民的好榜样，他身上的魅力不仅是共产主义精神的体现，同时也是对中华民族传统美德的最好诠释。他的爱憎分明、言行一致、公而忘私、奋不顾身、艰苦奋斗、助人为乐，把有限的生命投入到无限的为人民服务之中去的崇高精神，集中体现了中华民族的传统美德和共产主义道德品质。

有关雷锋做好事的故事多少年来脍炙人口，他的名字成了做好事的象征。有一次，雷锋因腹疼到团部卫生连开了些药回来，见本溪路小学的大楼正施工，便推起一辆小车帮着运砖。当市二建公司敲锣打鼓送来感谢信时，部队领导才知道这件好事。雷锋是孤儿又是单身汉，在工厂有工资，入伍时有 200 元的积蓄。后来，他把 100 元钱捐献给公社，辽阳地区遭受水灾时，他又将 100 元寄给了辽阳市委。雷锋入伍当年每月有 6 元钱的津贴，全用于做好事。自己的袜子补了又补，平时舍不得喝一瓶汽水。

从 1961 年开始，雷锋经常应邀去外地作报告，人们流传着这样一句话："雷锋出差一千里，好事做了一火车。"一次，雷锋外出换车发现一个背着小孩的中年妇女车票和钱丢了，就用自己的津贴费买了一张去吉林的火车票塞到大嫂手里。这样的事情不胜枚举。

在部队里，雷锋对待同志像春天般温暖，帮助同班战友乔安山认字、学算术；为小周病重的父亲写信寄钱；为小韩缝补棉裤。每逢年节，雷锋想到服务和运输部门最忙，便叫上同班战友直奔附近的瓢儿屯车站，帮着打扫候车室，给旅客倒水。孩子们学雷锋做好事，曾受到一些人在背后非议。不少同学不解，问雷锋为什么做好事这么难？雷锋朴实地说："做好事就不要计较别人说什么，只要对人民有益，就应该坚持做下去。"

《雷锋日记》当年曾印刷过数千万本，里面的许多警句教育了全国几代人。

毛泽东看过也称赞"此人懂些哲学"。一个只有小学文化的苦孩子能有这样的思想和文字水平，关键在于他多年刻苦学习。在湖南团山湖农场时，雷锋学习写诗；在鞍钢时，他努力学习毛泽东著作。在部队里，他是汽车兵，平时很难抽出时间。于是，雷锋就把书装在随身的挎包里，只要车一停，他就坐在驾驶室里看书。《钢铁是怎样炼成的》一书主人公保尔的话，他都能背出来。他曾说过："钉子有两个长处：一个是'挤'劲，一个是'钻'劲。我们在学习上也要提倡这种'钉子精神'。"除了政治学习外，他还积极钻研驾驶技术。部队缺少教练车，他带领大家做了一个汽车驾驶台，并被大家一致推举为技术学习小组长。

雷锋性格开朗活跃，教唱歌、办墙报样样都行。他参加战士演出队，起早贪黑背台词。但因湖南口音太重，影响演出效果，他就主动提出换下自己，集中精力为演出做后勤。

雷锋生前就被选为市人大代表，在沈阳军区是模范人物，照片、日记和模范事迹经常出现在报纸、电台等媒体上。在荣誉面前，他始终谦虚谨慎。他曾在日记中写道："我的一切都是党给的，光荣应该归于党，归于热情帮助我的同志，至于我个人做的工作，那是太少了……"

1962 年 8 月 15 日上午 8 点多钟，雷锋和助手乔安山驾车从工地回到连队车场，不顾长途行车的疲劳立即去洗车。当时，战士们在路边插了一排约两米高的晒衣服的木杆，顶上用 8 号铁丝拉着。雷锋让乔安山开车，自己下车引导，指挥乔安山倒车转弯。汽车的前轮过去了，但后轮胎外侧将木杆从根部挤压断。受顶部铁丝的作用，木杆反弹过来，正好击中雷锋的右太阳穴，当场就打出血来，雷锋昏倒在地。战友们立即用担架把他送到抚顺矿务局西部职工医院抢救，副连长又开车飞速赶到沈阳 202 医院请来医疗专家。但由于颅骨损伤，脑颅出血，导致脑机能障碍，雷锋不幸去世，年仅 22 岁。

1963 年 3 月 5 日，毛泽东发表了"向雷锋同志学习"的题词，在全国范围内掀起轰轰烈烈的学雷锋运动。雷锋精神的传播，极大地改变了社会风貌，教育影响了几代人。几十年来，每逢 3 月，人们就以学雷锋的具体行动纪念他。雷锋不仅仅属于一代人，他的精神已穿越了时空。

——佚名 / 文

礼仪的目的与作用本在使得本来的顽梗变柔顺，使人们的气质变温和，使他尊重别人，和别人合得来。

——（英国）约翰·洛克

## 4. 坚守平凡　成就非凡

风挡玻璃脱落、仪器毁坏、温度骤降至零下 40 多摄氏度，飞机驾驶舱瞬间失压、极度缺氧，119 名乘客和 9 名机组人员命悬一线……这是川航 3U8633 航班机长刘传健飞行生涯中极其漫长的 34 分钟。

2018 年 5 月 14 日，川航 3U8633 航班从重庆飞往拉萨。万米高空，驾驶舱右侧前风挡玻璃突然爆裂脱落。生死关头，刘传健沉着果断处置险情，靠毅力掌握操纵杆，最终成功备降，确保了机上 119 名乘客和 9 名机组人员的生命安全。此次成功降落被称为民航"史诗级壮举"，创造了国际民航客运史上在极其艰难的紧急突发情况下成功处置特情的奇迹。因在事故处置中的出色表现，刘传健荣获中国民航英雄机长、"最美退役军人"等荣誉称号，获全国五一劳动奖章。机组全体成员被授予中国民航英雄机组称号。

君子藏器于身，待时而动。1991 年，19 岁的刘传健光荣入伍。2006 年，他从空军第二飞行学院退役，加入四川航空股份有限公司。从成为飞行员的那一天起，刘传健就始终牢记确保飞行安全这一最高职责，把安全飞行规章标准落实到每一个航班飞行的全过程，先后执行过多个重要航班保障任务。作为部队出身的资深飞行教员，刘传健的言行举止都散发着军人严谨、刚毅、沉稳的气质。在同事眼中，他飞行品质高，安全记录保持良好，未发生过一起人为原因导致的事故。

以川航 3U8633 航班成功备降的真实事件改编的电影《中国机长》目前已在全国公映，导演刘伟强表示机长刘传健的传奇经历让他深受触动："这惊心动魄的半小时应该搬上大银幕，让所有人都了解中国人有多了不起！每一个人都可以当英雄，每一个职业的从业者也都可以当英雄。"

——摘自《解放军报》，2019 年 10 月 28 日

## 5. 潘作良人生中的最后 24 小时

潘作良同志生于 1965 年 2 月，中国共产党党员。自 1984 年参加工作以来，先后担任过沈阳市辽中县老观坨乡司法助理、副书记、养士堡乡乡长、四方台镇镇长、镇党委书记、县人大专职常委。2006 年 9 月，调任辽中县信访局局长。

潘作良一套 60 多平方米的老房子住了 20 年，家具都是当年结婚时买的，客厅和卧室的地面上铺的是黄色的地板革，因为使用时间太长，随处可见一块块的退色、磨损痕迹。不足两平方米的厕所是老式蹲便，所有房间的灯均为管式灯泡。客厅沙发是木扶手加皮革构成的，旁边立着一台现在很少见的双环牌风扇。家中值钱的物品就数一台电视机和容量为 150 升万宝牌冰箱了。"当了十几年乡镇干部，家里竟这样寒酸。"许多人感叹道。住了 20 年房子，一直没换过。妻子埋怨过："跟你这辈子，咱家还能换个楼吗？"女儿潘鹤说："我从来不愿带同学到自己家来，太寒酸了。"潘作良说："不要和别人攀比，只要我们三口人过得开心、快乐就行了。"

然而就是这样一个"寒酸"的局长，却时常资助那些家境困难的上访者生活费、路费，义务帮扶多个特困家庭和贫困学生。逢年过节，他都会亲自去看望那些老上访户、老伤残军人和贫困老人。据粗略统计，仅给上访群众购买的简单生活用品，他就至少花了 5000 多元。

他走的第三天，沈阳市辽中县的雨时下时停，2 万多名自发送别的百姓，站满了他最后经过的政府路的两侧，哭肿了眼睛、喊哑了嗓子。

他走的第二天，女儿打出了他的手机通讯记录，3 月份的通话记录有 1201 条，4 月份的通话记录更达到了 1444 条，平均每天 48 个。这当中，没有几条是往家里拨的电话，却经常有陌生的电话在凌晨 3 时打出打进。

他走的那天，中国医科大学附属第一医院的抢救室外，他的亲人和同事抱头哭喊着："不可能！不可能！昨天下午还正常研究信访案件呢，咋能说没

礼义廉耻，国之四维，四维不张，国乃灭亡。

—— （春秋）管仲《管子·牧民》

083

就没？"

他走的前一天，清晨5时，睡梦中的妻子贾丽娟听到他一句轻轻的告别"我走了"。在辽中县信访局任局长的一年零八个月，几乎每天都是这样早走，几乎每天早上都是这样的告别，但谁也想不到，这天早上的这句"我走了"，终于成为最后的告别……

潘作良因带病连续工作，5月9日下午突发大面积脑出血，经抢救无效，5月10日，倒在他奋斗了一年零八个月的信访工作岗位上，年仅43岁。

他去世后，很多人后悔。说如果时光可以倒流，一定不让他这么累，不让他这么拼命，可这世界上没有后悔药，况且，即便是时光倒流，我们能够看到的，也许还只有他拼命工作的背影，因为，他是如此热爱并执著于这项没有带给他任何"利益"、却拥有了一张张百姓笑脸的信访工作。"四十三年尘与土，一心为民永造福"，这是潘作良追悼会上的一副挽联。如果时光可以倒流，就让我们看看潘作良人生中的最后24小时。

也许，这24小时，也正是他为百姓操劳一生的缩影。

——摘自《辽宁晚报》，2008年6月23日

## 6. 阿尼帕：六个民族十九个孩子的母亲

2011年"三八"国际劳动妇女节前夕，新疆阿勒泰军分区领导专程到青河县青河镇，看望慰问72岁的维吾尔族老妈妈阿尼帕·阿力马洪，把绣有"杰出母亲人生楷模"的锦旗送给了她，并聘请她为军分区官兵的"荣誉母亲"。当聆听阿尼帕老妈妈养育6个民族19个孩子的故事时，官兵们又一次被她那博大的母爱和无私的情怀所感动。

**"这里就是你们的家"**

1963年，阿尼帕的邻居亚合甫夫妇相继去世，留下3个无人照看的孩子，

他们最大的 16 岁，最小的未满 6 岁。给亲人送完葬，3 个孩子站在寒风中瑟瑟发抖。阿尼帕夫妇俩拥着 3 个孩子，对他们说："孩子们，跟我们回家吧。从今以后，这里就是你们的家。"

1977 年的一天，11 岁的回族小姑娘王淑珍在街上到处流浪。阿尼帕在青河县医院当护士的六妹哈热恰木，在医院门口看到了这个满头黄水疮的小女孩。她上去一打听，才知道这个无父无母的小姑娘，是来寻找在青河县上中学的哥哥王作林的。哈热恰木将这一情况告诉了姐姐和姐夫，好心的阿尼帕夫妇决心收留这个可怜的孩子。

收养小淑珍对阿尼帕夫妇来说，已经是件非常艰难的事了。不久，她的两个妹妹王淑华、王淑英，还有她 14 岁的哥哥王作林都来投奔他们了。看着门口一排孩子眼巴巴地望着他们，扯着他们的衣角，嗫嚅地说着："爸爸，妈妈，收留我们吧。"阿尼帕的眼泪流了下来，她说："孩子，这个家再穷，毕竟是一个可以挡风避雨的窝呀，家的大门永远为你们开着。"

金学军是村里的贫困户，妻子病逝以后，患有严重气管炎的他独自拉扯着 3 个嗷嗷待哺的孩子。可天有不测风云。1989 年，金学军也撒手西去了。面对可怜的 3 个孤儿，阿尼帕又把他们都领回了家，这就是金花、金海、金雪莲。

至此，阿尼帕已收养了 10 个孩子。加上自己家的，阿尼帕家一共抚养了 6 个民族 19 个孩子。

### "有我们一口，就有你们吃的"

在孩子们的记忆中，生活虽然艰苦，但也充满甜蜜和快乐。为了让孩子们吃饱饭，阿尼帕夫妇几乎把所有的收入都换成可以吃的东西，并想尽一切办法弄吃的。丈夫阿比包下了班就去打土坯卖钱，还去帮别人宰牛宰羊，就为了得到一些牛羊杂碎，改善一家的伙食；阿尼帕经常在春天去挖野菜，秋天去捡麦穗、拾土豆，用这些换面粉、玉米面给孩子们吃。阿尼帕总是做好饭后就离锅台远远的，一碗奶茶、一把炒麦粒就是她的一顿饭。

生下小女儿不到一个月，阿尼帕就去食品厂当了临时工，每天在冰冷的河

三军可夺帅也，匹夫不可夺志也。

—— （春秋）孔子《论语·子罕》

水里洗羊头、羊肠。那段时间她的手脚全是冻疮，还患上了严重的风湿病。工作之余，她还到后山捡骨头去卖，一公斤骨头只能卖七分钱。

为了给全家 20 多口人做饭，阿尼帕专门买了一口直径 1.2 米的大铁锅。就这样，做一锅饭一个人分不到一碗，锅就见了底；打一坑馕不到一会儿就被孩子们抢完了；做一顿手擀面条，需要擀 6 张面才够每人分一碗。经常一顿饭做下来，阿尼帕的腰累得半天都直不起来。如今，很多老乡家里有喜事，都会借阿尼帕家的大锅去做抓饭、炖羊肉。人们给这口锅起了个好听的名字——团圆锅。大家都说，只要用了这口锅，家里就会像阿尼帕家一样团结、和睦、幸福。

阿尼帕夫妇不仅让孩子们能吃饱，还让孩子们有学上。家里用不起电灯，阿尼帕就用破棉絮搓成条，做成小油灯。19 个孩子就在这一盏盏跳动的灯光下读书学习，上完了小学上中学。没有一个孩子因为家里贫穷而辍学。

有一年冬天，一位亲戚看到阿尼帕大冷天还穿着半截裤子、光着腿肚子在外面干活，心酸得直抹眼泪。她拿出珍藏的一块面料，送给阿尼帕让她给自己缝一条裤子。阿尼帕拿回布料在腿上比了比，却又想到了正在院子里玩耍的雪莲，决定为即将上中学的女儿缝一套衣服。

第二天，雪莲穿上母亲新做的衣服，走到哪里，都环绕着兄弟姐妹羡慕的眼神。阿尼帕看到女儿幸福的笑脸，欣慰极了。她偷偷地躲在羊圈里，找来一些破布条子，在腿上缠了一圈又一圈，以此抵挡寒冷。这一情景恰巧让雪莲看到了，她这才明白了母亲的苦心。她抱着母亲大哭："妈妈呀，你为什么要这样，你也没有衣服穿，干嘛给我做衣服呀？"

逢年过节，是阿尼帕最快乐的时候。因为这时，全家老小都能聚到一起。在阿尼帕的眼中，这些孩子从来没有民族之分，"他们都是我的孩子，都是我的血脉，我们是一个和谐的大家庭！"

### "她做的好事七天七夜也说不完"

老邻居阿巴依和妻子奇娜是阿尼帕家的常客。奇娜的身体不好，常年吃药，卧病在床。1986 年，奇娜离开了人世，一年之后，阿巴依也去世了，留下了 3 个孩子。阿尼帕就让两个男孩跟着大儿子加帕尔学开车，帮助女孩卡尼亚继续完成学业。

2003 年，大龄孕妇江阿古丽生活困难，阿尼帕为她筹集了 1000 元钱，还召集儿女为她输血，出院后又把她接到家里照顾。

哈萨克族学生乔汉不会忘记，阿尼帕奶奶给她生活带来的阳光和温暖。乔汉的父亲瓦黑提是一个靠双拐行走的残疾人，母亲也经常生病，不能从事体力劳动。由于家庭困难，家里几个孩子初中都没毕业。乔汉从小就很懂事，很喜欢读书。正是有了阿尼帕奶奶的资助，她再也不为学费发愁了，现在已经上高中了。

——戴岚 韩立群 / 文

# 7. 用行动去维护公正

2011 年 5 月下旬，在阿根廷举行了一场拳击比赛，由当地一名拳击手迎战来访的另一名拳击手桑德斯。两人名气在世界拳坛影响不大，但实力相近，因此比赛场面相当火爆。由于有本土选手参赛，现场观众座无虚席，拳迷们几乎一边倒地为本土选手加油助威。两位选手也没有让观众们失望，他们不惜体力，各施所长，从第一回合开始，就展开激烈的肉搏战，对攻场面令人感到眼花缭乱。

比赛结束后，裁判站在两位选手之间，拉着他们的胳膊，静候选手的最后得分。两位拳击手也屏息静气，等待着裁判的最后裁决。激动人心的场面最终到来：三位场边裁判一致判定主场拳击手以微弱优势获胜。观众们山呼海啸，桑德斯一脸沮丧。

这时，意想不到的事情发生了。那名本土拳击手并没有像人们预想的那样，在取得一场艰难比赛的胜利后欢呼雀跃，而是冲向裁判席，与三位边裁争论起来。他愤怒地指责边裁：我配不上这场比赛的胜利，桑德斯才是这场比赛的胜利者，你们之所以判定我是胜利一方，是因为我是本土选手，我不需要你们偏向！

场上罕见的一幕，令观众和裁判都目瞪口呆，大家都认为这个获胜者疯了！

己所不欲，勿施于人。

——（春秋）孔子《论语》

而这名"疯子"接着做出了更加疯狂的举动，看到裁判不愿意更改比分，他在台上向观众大声宣布："桑德斯才是胜利者，我反对偏向本地选手的判决。我无论如何都不是胜利者！"本土选手的异常举动，令刚才还沮丧万分的桑德斯十分吃惊，又感动不已。桑德斯说："这是一场势均力敌的比赛，我不知道谁赢了，但是我真的没有预料到他能做出这样的举动。他是一个诚实的人，拥有一颗金子般的心。我担心当地观众会为他的这一举动生气。"事实证明桑德斯的担心是多余的，裁判虽然没有改变最终的裁决结果，但是全场观众对本土选手的诚实报以持续而热烈的掌声。

近些年来，在竞技场上，主场优势是大家默许的潜规则，受害者自认倒霉，受益者心安理得。由竞技场延伸到社会，面对种种不公，多数人都已熟视无睹，甚至把"不要指望这个社会会公平"作为人生的箴言。"世界上没有绝对的公平"，但我们有必要尽其所能地去争取创造一个相对公平的环境，这才是正确、积极的人生态度。公平是争取来的，麻木的旁观只能让不公有恃无恐。我们有必要记住那个敢于站出来维护公平和道义的阿根廷拳击手，他名字的全称是：塞巴斯蒂安·埃兰达。

——刘清山 / 文

## 8. 不说谎的孩子

许多年以前，在美国的威斯康星州蒙特罗市，有一个名叫埃默纽的男孩。他5岁时，父母先后去世。一个年老无子、名叫诺顿的酒店老板收养了他。埃默纽年龄虽小，但很懂事，在酒店里什么活都抢着干。

一天傍晚，来了一个小贩；他一进门，就和养父母吵了起来。埃默纽侧耳细听，好像是为了什么账目问题。当天晚上，小贩留宿在酒店里。半夜里，埃默纽突然被一阵激烈的争吵声吵醒了。之后，只听"啊"的一声惨叫，随后一点儿声音也没有了。他蹑手蹑脚地走到养父母房门前，从门缝向里看去。这一看，把他吓得手脚冰凉。只见那小贩倒在地上，胸口上插着的一把刀子还在轻轻地颤动。养母站在旁边，搓着两手，不停地嘟囔着："你杀了他，这怎么好？他死了，死了……"

埃默纽顿时觉得头晕目眩，一头磕在了门框上。养父听到动静，心中一惊，推开门，一把抓住他的头发，拖进屋子。只见养父眼珠转了转，和颜悦色地说："孩子，你都看见了，是这小贩进来行凶，爸爸在自卫中才失手杀了他，对吧？这把刀也是他带来的，对吧？明天警察来了，你就这样说。"

埃默纽声泪俱下地说："爸爸，你说得不对。我知道，是你杀了人。爸爸，我求你，你快去警察局自首吧！那样，我们一家人才能都活下去……"

养父气得脸都变成了猪肝色，抬起腿当胸一脚，把埃默纽踢倒在地，声嘶力竭地喊道："你这个小杂种，想把爸爸送上法庭吗？快说，是那小贩要行凶……"

"不！"埃默纽捂着胸口，抬起头，说，"我不能说谎，是你杀了人！"

养母也扑上来，一边拳打脚踢，一边拿出一根绳子，把埃默纽结结实实地捆起来。然后，把他吊到了楼板上，又用鞭子抽打他。

"死，我也不说谎！"埃默纽痛得浑身发抖，头上豆粒大的汗珠往外渗。

养母看鞭子吓不倒埃默纽，就又换了一根棍棒，没头没脑地在埃默纽身上乱打，边打边喝问："快说，这小贩是怎么死的？说对了就放你下来。"

"是……你……"埃默纽睁开黯然无光的眼睛，有气无力地说。鞭子、棍子再一次暴打着。

突然，埃默纽浑身抽搐着，喊了一声："不，我不说谎！"头就猛然垂到了脑前，一动不动了。诺顿夫妇这才知道又闯下了大祸，颓然倒在地上。

天网恢恢，疏而不漏。后来，诺顿夫妇虽然在法庭上百般狡辩，最后还是以谋杀罪被逮捕，受到了应得的惩罚。

事后，蒙特罗市政府为纪念这个宁死不肯说谎的孩子，决定将5月2日他死的那天定为诚实节，还竖起了一块纪念碑和一个塑像，纪念碑前堆满了表示哀悼的白色小花。每一个走过这里的人都要摘下帽子，向这位无畏的诚实者致敬。老师、家长也都要给孩子们讲一遍埃默纽的故事。

——徐海水／文

不念旧恶，怨是用希。

—— (春秋) 孔子《论语·公冶长》

◎【编者小语】

在人类的生活当中，道德是一种普遍存在的调节人的行为的规范。它不同于一般的法律制度，在于它是一种影响人的行为的内在驱动力，它主要靠一个人的自律来发挥作用，而很少是来自外部的压力。什么叫道德义务？所谓道德义务就是人们在一定的内心信念和道德责任感的驱使下，自觉履行对他人、对社会的义务，因此它可以被称为人们心中的"道德律"。有道德的人积极履行自己的道德义务，把道德看成是人之所以为人的内在属性，是一个文明人、社会人的本分。

清朝乾隆时期官员叶存仁有一首名诗，形象地说明了一个人对道德义务的态度。"月白风清夜半时，扁舟相送故迟迟。感君情重还君赠，不畏人知畏己知。"这表明道德是一个人对自己的承诺，体现一个人对自己的品格、节操的崇尚和尊重。本章节选了古今中外的名人志士在各种环境中，坚守自己的节操，履行自己的道德义务，成为流传千古的经典，希望对众位读者对道德的感悟有所启发。

## 第五章

# 不忍人之心——道德情感力

　　泪花在眼眶里打转，感动在时空中延续。冬日的北京，天寒地冻，却难抑炙热的情怀。2010年1月19日上午，鲜花簇拥的人民大会堂，台上，报告团成员深情讲述；台下，听众的情绪也随之起伏跌宕。泪水、掌声汇聚成股股热流，温暖和感动着千余名听众。

　　陈燕萍，在乡间法庭办案14年来，为自己流泪越来越少，为当事人流泪越来越多。柔情和威严，逐渐构成她的"司法人格"，瘦弱身体里释放出的能量，有时可以惊人——在一次庭审现场，一个当事人突然拿出一把剪刀，在其他人还没有察觉时，她已冲上前去抱住了当事人。她把最美好的青春年华献给了人民司法事业，谱写了一曲感人的爱民之歌、奉献之歌、正义之歌。"作为陈燕萍的同事，多年来，我一直被她深深地感动着。"这不仅是江苏泰州市女法官协会副秘书长卢爱华内心的真情表露，更是当地干部群众对陈燕萍的交口称赞。

　　同为"法律人"，江苏江豪律师事务所律师季冬十多年来，与陈燕萍共同经历过许多案件。她的娓娓讲述，让人们看到了在陈燕萍那平和的笑容和黑色的法袍后面又蕴藏着怎样的一股力量和柔情：那是一个冬晚，村妇李云骑着电动车载着女儿回家，遭遇车祸，女儿不幸身亡。陈燕萍发现，这个看似简单的案件，复杂性却出乎常人想象。肇事车既没登记也没有保险，驾驶员孙某无钱赔偿，车主王某则称，车是丁某买的，后丁某又将此车转让给孙某，孙某又卖给了一个外地人，且都有转让协议为证。一辆车牵出了"四个车主"，谁是真正的"车主"呢？李云夫妇失望至极，就连代理律师也开始泄气，因她也没有足够的证据指证谁是"车主"。原告提出只要被告多少给点补偿，就撤诉算了。可陈燕萍却说，没了女儿不能没有公道。庭审中，陈燕萍技能高超，招招击中了要害，被告方招架不住，破绽百出。

在一般人眼里，法官就该坐在审判席上，依法判决。但为了了解案情，争取案件能成功调解，陈燕萍"出现场"就成了她的习惯。三年前，靖江新桥镇张强遭遇车祸，双腿瘫痪，妻子仲某提出离婚，张强坚决不同意。去年5月初，张强离婚案开庭的当日，陈燕萍恰巧外出，便委托同事代为审理。当天张强被家人抬到了法庭上。事后，陈燕萍非常自责，驱车赶了数十公里走进了张强的小屋，只见昏暗的房间，一股腥臭味扑鼻而来。陈燕萍亲切地在张强的床边坐下与他交心，问寒问暖，张强流泪了："瘫痪以来，你是第一个这么近和我说话的人。这个官司，我听你的。"当靖江市广播电视局记者余峰深情地回顾这件往事时，再一次让人们感悟到："法官原来可以这样亲切、法律原来可以这样生动。"

"妈妈——"，当人民大会堂响起案件当事人小敏的同学、江苏靖江高级中学学生徐楚焱饱含热泪地呼唤时，在场的人无不为之动容。"法官妈妈"的故事震撼着人们的心灵，去年12月20日上午的一幕又浮现在人们的眼前：尽管天气寒冷，面部畸形的遗弃女小敏心里却非常温暖，因为"法官妈妈"今天要来看她。10点整，当手拎着大包小包的陈燕萍出现在对面马路时，小敏马上像燕子一样飞了过去，陈燕萍一把抱住小敏，内疚地说："对不起，妈妈最近忙。"小敏倚在"妈妈"的怀里，眼泪随即流了下来："妈妈，我想你。"

不是煽情毋须煽情。置身大会堂，记者唯见一片片泪光在闪动。陈燕萍，深深地打动了每一位听众。掌声，一次次为她感人肺腑的事迹而响起；泪水，一遍遍因她动人心弦的故事而落下。这一刻的掌声，这一分的泪水，是人们为好法官陈燕萍献上的这个冬天里最美的鲜花。陈燕萍用最强的道德情感力感染着世界上每一个角落……

◎【品味经典】

## 1. 严把德才标准　德才兼备　方堪重任
### ——习近平在十九届中央政治局第十次集体学习时的讲话

古人讲：“德薄而位尊，知小而谋大，力小而任重，鲜不及矣。”选人用人重德才，是古今中外治国理政的通则，区别只是德才的内涵不同而已。我们党历来强调德才兼备，并强调以德为先。德包括政治品德、职业道德、社会公德、家庭美德等，干部在这些方面都要过硬，最重要的是政治品德要过得硬。《论语》中说要“修己以敬”、“修己以安人”、“修己以安百姓”，对我们共产党人来说，修己最重要是修政治道德。我们党对干部的要求，首先是政治上的要求。选拔任用干部，首先要看干部政治上清醒不清醒、坚定不坚定。

选人用人必须把好政治关，把是否忠诚于党和人民，是否具有坚定理想信念，是否增强“四个意识”、坚定“四个自信”，是否坚决维护党中央权威和集中统一领导，是否全面贯彻执行党的理论和路线方针政策，作为衡量干部的第一标准。司马光说“君子挟才以为善，小人挟才以为恶。挟才以为善者，善无不至矣；挟才以为恶者，恶亦无不至矣”，“古昔以来，国之乱臣、家之败子，才有余而德不足，以至于颠覆者多矣”。政治上有问题的人，能力越强、职位越高危害就越大。政治品德不过关，就要一票否决。

把好政治关并不容易，古人说“识人识面不识心”。党的十八大以来，我们查处了那么多违纪违规的领导干部，现在依然有不少领导干部受到查处。这些人大多是政治上的两面人，当面一套、背后一套，口头一套、行动一套。一些政治上的两面人，装得很正，藏得很深，有很强的隐蔽性和迷惑性，但并非无迹可寻。只要我们多用心多留心，多角度多方位探察，总能把他们识别出来。

要高度警惕那些人前会上信誓旦旦讲“四个意识”、高调表态，而私下里

好习惯是一个人在社交场中所能穿着的最佳服饰。

—— （古希腊）苏格拉底

却妄议中央、不贯彻党中央路线方针政策的人；口口声声坚定"四个自信"、信仰马克思主义，而背后在大是大非问题上态度暧昧、立场不稳的人；高谈阔论国家前途命运，而背地里却一遇到个人名誉地位就牢骚满腹、怨恨组织的人；领导面前卑躬屈膝、阿谀奉承、溜须拍马，而在下属和群众面前却趾高气扬、盛气凌人、不可一世的人。要透过现象看本质，既听其言、更观其行，既察其表、更析其里，看政治忠诚，看政治定力，看政治担当，看政治能力，看政治自律。正所谓"治本在得人，得人在审举，审举在核真"。

以德为先，不是说只看德就够了，还得有过硬本领。当前，干部队伍能力不足、"本领恐慌"问题是比较突出的。比如，在纷繁复杂的形势变化面前，耳不聪、目不明，看不清发展趋势，察不出蕴藏其中的机遇和挑战；贯彻新发展理念、推进供给侧结构性改革，找不到有效管用的好思路好办法；面对信息化不断发展，不懂网络规律、走不好网上群众路线、管不好网络阵地，被网络舆论牵着鼻子走，等等。解决这些问题，既要加快干部知识更新、能力培训、实践锻炼，更要把那些能力突出、业绩突出，有专业能力、专业素养、专业精神的优秀干部及时用起来。

——摘自《求是》，2019 年第 2 期

## 2. "天地之性，人最为贵"——《孝经》中的亲情教化

曾子曰："敢问圣人之德，无以加于孝乎？"子曰："天地之性，人为贵。人之行莫大于孝。孝莫大于严父。严父莫大于配天，则周公其人也。昔者周公郊祀后稷以配天，宗祀文王于明堂，以配上帝。是以四海之内，各以其职来祭。夫圣人之德，又何以加于孝乎？故亲生之膝下，以养父母日严。圣人因严以教敬，因亲以教爱。圣人之教不肃而成，其政不严而治，其所因者本也。父子之道，天性也，君臣之义也。父母生之，续莫大焉。君亲临之，厚莫重焉。故不爱其亲而爱他人者，谓之悖德；不敬其亲而敬他人者，谓之悖礼。以顺则逆，民无则焉。不在于善，而皆在于凶德，虽得之，君子不贵也。君子则不然，言思可道，行思可乐，德义可尊，作事可法，容止可观，进退可度，以临其民。是以其民畏而爱之，则而象之。故能成其德教，而行其政令。《诗》云：'淑人君子，其仪不忒。'"

### 【译文】

曾子说："请允许我冒昧地提个问题，圣人的德行中，难道就没有比孝行更为重要的吗？"孔子说："天地之间的万物生灵，只有人最为尊贵。人的各种品行中，没有比孝行更加伟大的了。孝行之中，没有比尊敬父亲更加重要的了。对父亲的尊敬，没有比在祭天时以父祖先辈配祀更加重要的了。祭天时以父祖先辈配祀，始于周公。从前，成王年幼，周公摄政，周公在国都郊外圜丘上祭天时，以周族的始祖后稷配祀天帝；在聚族进行明堂祭祀时，以父亲文王配祀上帝。所以，四海之内各地的诸侯都恪尽职守，贡纳各地的特产，协助天子祭祀先王。圣人的德行，又还有哪一种能比孝行更为重要的呢？子女对父母的亲爱姨母养育之心，产生于幼年时期；待到长大成人，奉养父母，便日益懂得了对父母的尊敬。圣人根据子女对父母的尊崇的天性，引导他们敬父母；根据子

人在智慧上应当是明豁的，道德上应该是清白的，身体上应该是清洁的。

—— （俄国）契诃夫

女对父母的亲近的天性,教导他们爱父母。圣人教化人民,不需要采取严厉的手段就能获得成功;他对人民的统治,不需要采用严厉的办法就能管理得很好。这正是由于他能根据人的本性,以孝道去引导人民。父子之间的关系,体现了人类天生的本性,同时也体现了君臣关系的义理。父母生下儿子,使儿子得以上继祖宗,下续子孙,这就是父母对子女的最大恩情。父亲对于儿子,兼具君王和父亲的双重身份,既有为父的亲情,又有为君的尊严,父子关系的厚重,没有任何关系能够超过。如果做儿子的不爱自己的双亲而去爱其他什么别的人,这就叫做违背道德;如果做儿子的不尊敬自己的双亲而去尊敬其他什么别的人,这就叫做违背礼法。如果有人用违背道德和违背礼法去教化人民,让人民顺从,那就会是非颠倒;人民将无所适从,不知道该效法什么。如果不能用善行带头行孝,教化天下,而用违背道德的手段统治天下,虽然也有可能一时得志,君子也鄙夷不屑,不会赞赏。君子就不是那样的,他们说话,要考虑说的话能得到人民的支持,被人民称道;他们做事,要考虑行为举动能使人民高兴;他们的道德和品行,要考虑能受到人民的尊敬;他们从事制作或建造,要考虑能成为人民的典范;他们的仪态容貌,要考虑得到人民的称赞;他们的动静进退,要考虑合乎规矩法度。如果君王能够像这样来统领人民,管理人民,那么人民就会敬畏他,爱戴他;就会以他为榜样,仿效他,学习他。因此,就能够顺利地推行道德教育,使政令顺畅地得到贯彻执行。《诗经》里说:'善人君子,最讲礼仪;容貌举止,毫无差池。'"

——选自《孝经·圣治章第九》

### 3. 特殊官能的作用——亚当·斯密的道德情感分析

把情感视为赞同本能的根源的那些体系可以分为两种不同的类型。

按照某些人的说法，赞同本能建立在一特殊情感之上，建立在内心对某些行为或感情的特殊感觉能力之上；其中一些以赞同的方式影响这种官能，而另一些则以反对的方式影响这种官能，前者被称为正确的、值得称赞的和有道德的品质，后者被称为错误的、该受谴责的和邪恶的品质。这种情感具有区别于所有其他情感的特殊性质，是特殊感觉能力作用的结果，他们给它起了个特殊名称，称其为道德情感。

按照另一些人的说法，要说明赞同本能，并不需要假定某种新的，前所未闻的感觉能力；他们设想，造物主如同在其他一切场合一样，在这儿以极为精确的法理行动，并且从完全相同的原因中产生大量的结果；他们认为，同情，即一种老是引人注目的、并明显地赋予内心的能力，便足以说明这种特殊官能所起的一切作用。

Ⅰ. 哈奇森博士作了极大的努力来证明赞同本能并非建立在自爱的基础上。他也论证了这个原则不可能产生于任何理性的作用。他认为，因而只能把它想象成一种特殊官能，造物主赋予了人心以这种官能，用以产生这种特殊而又重要的作用。如果自爱和理性都被排除，他想不出还有什么别的已知的内心官能能起这种作用。

他把这一新的感觉能力称为道德情感，并且认为它同外在感官有几分相似。正像我们周围的物体以一定的方式影响这些外在感官，似乎具有了不同质的声音、味道、气味和颜色一样，人心的各种感情，以一定的方式触动这一特殊官能，似乎具有了亲切和可憎、美德和罪恶、正确和错误等不同的品质。

根据这一体系，人心赖以获得全部简单观念的各种感官或感觉能力，可分为两种不同的类型，一种被称为直接的或先行的感官，另一种被称为反射的或

老吾老以及人之老，幼吾幼以及人之幼，天下可运于掌。

——《孟子·梁惠王上》

后天的感官。直接感官是这样一些官能，内心据此获得的对事物的感觉，不需要以先对另一些事物有感觉为前提条件。例如，声音和颜色就是直接感官的对象。听见某种声音或看见某种颜色并不需要以先感觉到任何其他性质或对象为前提条件。另一方面，反射性或后天感官则是这样一些官能，内心据此获得的对事物的感觉，必须以先对另一些事物有感觉为前提条件。例如，和谐和美就是反射性感官的对象。为了觉察某一声音的和谐，或某一颜色的美，我们一定得首先觉察这种声音或这种颜色。道德情感便被看作这样一种官能。根据哈奇森博士的看法，洛克先生称为反射，并从中得到有关人心不同激情和情绪的简单观念的那种官能，是一种直接的内在感官。我们由此而再次察觉那些不同激情和情绪中的美或丑、美德或罪恶的那种官能，是一种反射的、内在的感官。

哈奇森博士努力通过说明这种学说适合于天性的类推，以及说明赋予内心种种其他确实同道德情感相类似的反射感觉——例如在外在对象中的某种关于美和丑的感觉，又如我们用于对自己同胞的幸福或不幸表示同情的热心公益的感觉，再如某种对羞耻和荣誉的感觉，以及某种对嘲弄的感觉——来更进一步证实这种学说。

……

Ⅱ．另外还有一种试图从同情来说明我们的道德情感起源的体系，它有别于我至此一直在努力建立的那一体系。它把美德置于效用之中，并说明旁观者从同情受某一性质的效用影响的人们的幸福，来审视这一效用所怀有的快乐的理由。这种同情既不同于我们据以理解行为者的动机的那种同情，也不同于我们据以赞同因其行为而受益的人们的感激的那种同情。这正是我们据以赞许某一设计良好的机器的同一原则。但是，任何一架机器都不可能成为最后提及的那两种同情的对象。在本书第4卷，我已经对这一体系作了某些说明。

——摘自亚当·斯密的《道德情操论》，第7卷第3篇，
上海三联文化，2011年1月第1版

◎【故事里的事】

### 1."共和国勋章"获得者张富清
### ——紧跟党走，做党的好战士

习近平总书记对张富清同志先进事迹作出重要指示强调：

老英雄张富清60多年深藏功名，一辈子坚守初心、不改本色，事迹感人。在部队，他保家卫国；到地方，他为民造福。他用自己的朴实纯粹、淡泊名利书写了精彩人生，是广大部队官兵和退役军人学习的榜样。要积极弘扬奉献精神，凝聚起万众一心奋斗新时代的强大力量。

1948年3月，他在陕西宜川县瓦子街参加革命，开启了自己的英雄之旅。

壶梯山战斗、永丰战役中，他任突击组长，先后炸掉敌人3个碉堡，立下赫赫战功。

1955年1月，他退役转业，告别军营，扎根湖北来凤县，锁住荣誉，尘封战功，为当地发展和群众过上好日子不懈奋斗。

1985年1月，他站完最后一班岗。人离休了，思想却不离休，他坚持学习，三十多年如一日。

无论何时、何地、何境，他都把组织的要求摆在第一位。作为一名有着71年党龄的老党员，他精神上追求卓越，物质上毫无所求。他，就是"共和国勋章"获得者张富清。

#### 从革命战场到人生战场不改本色

1924年12月，张富清出生于陕西汉中洋县马畅镇双庙村一个贫农家庭。兵荒马乱的年月，他在家种过地，给地主当过长工，没有上过一天学。1945年下半年，家中唯一的壮劳力二哥被国民党抓壮丁，为了维持一家人生计，他

乐民之乐者，民亦乐其乐；忧民之忧者，民亦忧其忧。乐以天下，忧以天下，然而不王者，未之有也。

——《孟子·梁惠王下》

用自己将二哥换了出来。

宜川战役中，国民党军整编第九十师在瓦子街落入我军伏击圈被歼，作为该师杂役的张富清，选择参加革命，成为王震所领导的英雄部队——359旅718团的一名"人民子弟兵"。

1948年7月，壶梯山战斗打响。这是1948年9月我军转入战略决战前，西北野战军为牵制胡宗南部队而发起的澄合战役中的一场激烈战斗。在这场战斗中，张富清荣立师一等功，被授予师"战斗英雄"称号。

1948年11月，永丰战役打响。此时，我军已转入战略决战，西北野战军配合中原野战军、华东野战军作战。在战斗中，张富清带着2个炸药包、1支步枪、1支冲锋枪和16个手榴弹，攀上寨墙，炸掉了敌人两个碉堡，在身受重伤的情况下，独自坚守阵地到天明，数次打退敌人反扑。他因此荣立军一等功，被授予军甲等"战斗英雄"称号，并被西北野战军加授特等功。

一次特等功、三次一等功、一次二等功，两次"战斗英雄"称号，这就是张富清在战场上向党和人民交出的答卷。

1953年3月至1954年12月，张富清进入中国人民解放军防空部队文化速成中学学习。1955年1月退役转业时，张富清坚决服从组织安排赴湖北最偏远的来凤县工作。他带着爱人孙玉兰扎根来凤县，一口皮箱，锁住了他在战场上获得的全部荣誉。

### 每一个岗位都担当作为竭尽所能

到来凤县后，张富清先后任城关粮油所主任，三胡区副区长、区长，建行来凤支行副行长等职务。每一个岗位，他都脚踏实地，竭尽所能，担当奉献。为了带头示范，他让爱人孙玉兰从自己分管的三胡区供销社下岗，让大儿子张建国到卯洞公社万亩林场当知青。

面对工作中的困难，他不躲不绕，想方设法，克服解决。刚开始进驻生产大队时，群众不买账、不认可。为了让群众接受自己，他住进最穷的社员家，白天与社员一起干重体力活儿，晚上开完会后，帮社员挑水扫地。

他想群众之所想，急群众之所急。进驻卯洞公社高洞管理区，群众反映出行难、吃水难后，他带着社员四处寻找水源，50多岁的年纪腰系长绳，下到天坑底部找水。他带着社员修路，与社员一起在绝壁上抢大锤打炮眼。

任三胡区副区长、区长期间，他推动水电站建设，让土苗山村进入"电力时代"。

1961年至1964年期间，张富清主导修建了三胡区老狮子桥水电站，供附近的两个生产队照明。这是三胡区历史上第一座水电站。"从一个区来讲，能够照上电灯是祖祖辈辈多少年来都没有的事，电灯更明亮，比照桐油灯好多少倍呀！"讲起这件事，张富清高兴地说。

从群众中来，到群众中去。心中无我，付此一生。这就是战斗英雄张富清，在工作岗位上向党和人民交出的答卷。

### 深藏功名六十余载连家人都不知情

1985年1月，张富清站完最后一班岗，从建行来凤支行副行长岗位上退下来。离休后，张富清保持艰苦朴素的作风，住老房子、穿老衣服、用老家具、过老生活。虽然离休了，但他未有一丝懈怠，时时处处严格要求自己。卧室的书桌上，摆着成堆的学习资料。书桌右侧的抽屉里，放着他的药——享受公费医疗待遇的他，为了防止家人"违规"用自己的药，甚至锁住了抽屉。2012年，张富清因病左腿截肢。为了不影响子女"为党和人民工作"，88岁的他装上假肢顽强站了起来。

60多年里，张富清将赫赫战功深埋心底，从不提起，他的老伴儿和儿女都不知情。2018年底，国家开展退役军人信息登记，张富清隐藏半个多世纪的战功才得以发现。

讲起登记的初衷，张富清说："我起初不想把这些奖章和证书拿出来，但考虑到如果不拿出来，那就是对党不忠诚，是欺骗党的行为……"战斗英雄的事迹披露后，诸多光环加身，他依然是老样子，一切都没有变，还是那个坚守初心、保持本色的张富清。

---

一死一生，乃知交情。一贫一富，乃知交态。一贵一贱，交情乃见。

——《史记·汲郑列传》

"我要在有生之年，坚决听党的话，党指到哪里，我就做到哪里，党叫我做啥，我就做啥。"张富清说。

——摘自《人民日报》，2019 年 9 月 24 日

## 2. 顾春玲：守护残疾乡亲二十年

20 年来，因她不离不弃的照顾，一个精神残疾患者家庭过上了幸福的生活。她就是天津市宝坻区王卜庄镇二村的一位普通农家妇女，顾春玲。

### 二十年前不眠夜

46 岁的顾春玲平时在宝坻区做二手车交易的中介代理。20 年前的一天下午，当时还在纸箱厂上班的顾春玲偶然路过家住邻村的工友老季家，被眼前的一幕惊呆了：老季的丈夫老张精神病发作，和家人大闹一场之后离家出走，精神状况不好的老季受刺激后病情加重，他们 3 岁的儿子小波更是被吓得哇哇大哭。顾春玲心疼地抱起孩子，赶紧联系附近的乡亲，直到第二天凌晨才把老张从荒郊野地里找了回来。看着这无助的一家，顾春玲暗暗发誓：一定要竭尽自己所能照顾好他们。从此，顾春玲就和这对精神残疾夫妻结下了长达 20 年的不解之缘。

从此以后，不管是春种秋收，还是夏季"双抢"，不管是剥玉米，还是浇地，顾春玲总会先把季家十几亩地的农活儿干完，再去收拾自家地里的活儿。由于长期泡在水里浇地，她的双腿还落下了病根儿。夫妻俩谁病了，顾春玲就自己掏钱领他们到医院看病吃药；平时缝缝补补、采买家用的家务活儿，也大都被顾春玲承担了下来；夫妻俩没钱了，顾春玲还会时不时塞上几百块钱。

老季身体不好，工作也不稳定，顾春玲到处求人，只为能给她在工厂、饭店里找一份力所能及的工作。逢年过节，顾春玲会早早地帮季家置办年货，有时甚至还把自家人送来的排骨、牛肉也拎过去。几年前，季家要翻盖瓦房，顾

春玲自己垫了一部分，但还是差 5000 块钱。为此，顾春玲在村里挨家挨户地借钱，"50 块、100 块的都借过，借条上打的也都是我的名字，但最后总算是把钱凑齐了。"回忆起当时的情形，顾春玲还显得有点儿不好意思。

20 年来，顾春玲已不记得给季家塞过多少次钱、买过多少次东西，但一直不变的，是心里曾经许下的那个诺言。回忆起当初的想法，顾春玲没有太多的话，她只说了一句："都是乡亲，我就要管。"

### "孩子你放心，姨供得起你上大学"

孩子是每个家庭的希望，谈起老季夫妇的儿子小波，顾春玲流露出的是对自己家孩子般的关爱和欣慰。在 2011 年的高考中，小波以优异的成绩考入了河北医科大学。

打从和季家结缘开始，顾春玲就一直很关注小波的学习情况，除了给小波垫付一部分学杂费之外，她隔三差五就去学校了解小波的状态，给小波鼓鼓劲儿。小波上高三之后，顾春玲却一反常态地对小波的学习"不管不问"起来，"那时候怕给孩子压力，哪敢问啊。"只是在小波流露出对考上大学后怕交不起学费的担忧后，顾春玲才语重心长地跟小波进行了一次长谈，"孩子你放心，你哥哥姐姐（顾春玲自己的一子一女）已经毕业自己挣钱了，姨绝对能供得起你上大学！你就安心读书吧。"小波考上大学后，顾春玲忙前忙后帮他办理各种补助，还经常给小波打电话嘘寒问暖。

真情的付出换来的是真心的回报。顾春玲永远是小波嘴里最亲切的"姨"，她也逢人便夸"小波这孩子真懂事"！顾春玲至今还记得，小波上高中时有一年放寒假回家，拿出一身崭新的校服，告诉自己："姨，这是学校发的衣服，挺厚的。您腿不好，我专门给您要了一身合身的，我穿旧的就成，您试试衣服！"

### 互帮互助，还得靠大伙儿

在顾春玲的帮助下，季家的生活一天天好起来，两人的病情也基本稳定了。在大家的帮助下，她家还新盖了四间漂亮的大瓦房。二十年如一日的真心付出，

贫贱之知不可忘，糟糠之妻不下堂

——《后汉书·宋弘传》

让顾春玲成了远近闻名的好人。除了季家，顾春玲还帮助了当地很多类似的残疾人家庭，她先后光荣地当选为区、市两级残疾人联合会代表大会代表以及宝坻区残联精神残疾协会主席。

"刚当上这主席，有人冷嘲热讽，有人担心'你一个正常人当什么精神残疾协会的主席？'也有人劝我说干嘛去干一分钱不拿、有时还得自己倒贴的活儿？"顾春玲却认准自己非要把这个"苦差"干下去。"一个人帮一家一户行，但能全帮过来吗？不是还得靠大伙儿吗？"顾春玲反问记者，"你说要不是政府给钱，哪来的每年几千块钱的补贴，还有社保和看病的补助？我哪还得起借来盖瓦房的钱？"

"您自己做生意收入应该也不低，付出这么多去帮助别人，就没想着改善一下自己的生活？家里人支持您吗？"看见顾春玲还用着一部液晶屏被摔裂的旧手机，记者不禁问道。

听到这个问题，一直笑声爽朗的顾春玲有些沉默，"因为帮别人一直往外花钱，直到我闺女和儿子大学毕业自己挣钱，他们之前都没跟我享过啥福。"顾春玲眼圈有些泛红，"当时女儿也有怨气，但后来她在一次征文比赛里写道，'我以后也要做妈妈那样的好人'。现在他们都挺支持我，每次回来还跟我一起去帮着干点儿活，捐点儿钱，我特别高兴！"顾春玲的脸上又露出淳朴的笑容。

——摘自《人民日报》，2012 年 1 月 9 日

## 3. 女支书张雅琴：遗言让市委书记当场落泪

她一心谋发展，带着贫穷的乡亲修路造桥，想方设法招商引资、发展经济；她真情系百姓，身患重病之时想的还是村里的事，"百姓满意就好"是她的遗言。她是张雅琴，江苏省丹阳市金桥村已故党总支书记。

一座石桥，跨过村里的南河，一头是小桥流水的新村，一头是厂房林立的工业区。

10 年前，她与乡亲们一起造了这座桥，从此带领这个落后村迈向现代化。如今，当 4000 多名乡亲尽享 10 年巨变的成果时，她忙碌的身影却一去不返，给人们留下的是一座幸福的"金桥"……

张雅琴，江苏省丹阳市金桥村已故党总支书记，一个辛劳的"架桥人"。

### 创业——"干部干部，就要先干一步"

10 年前，南河上是一座年久失修的小桥，那时的村子还叫木桥村。63 岁的村民范琴芳回忆说："那时候落后得很，村不像村、路没有路，一个企业也没有！"

2000 年 7 月 1 日，时年 45 岁的张雅琴走马上任木桥村党支部书记。

那时的木桥村，通往外界的，只有那座 20 世纪六七十年代修建的桥，又窄又破。村民人均纯收入不足 5000 元，而周边大多数村早已在万元左右；集体更穷，村里账上不但没钱，还给张雅琴留下 28 万元的欠债。

张雅琴明白木桥村的出路，一上任就四处引进工业项目。本村一个叫崔洪昌的能人在外办汽配厂，听说他准备开办新厂，张雅琴急忙登门拜访。一次、两次……由于崔洪昌早出晚归，张雅琴扑空了七八次。一天早上 7 点多，张雅琴终于在崔洪昌家门口"堵"到了这位能人。

一听到在木桥投资办厂，崔洪昌一笑而过，"没桥没路，咋能办厂啊？""我把路修好，桥造好，你答应回来投资行不行？"张雅琴态度诚恳。

张雅琴迅速行动起来，村里一穷二白，她就到处筹集捐款，自己一家带头捐了 8000 元。

造桥时，为节约成本，张雅琴带着一班村干部在工地上义务劳动。当年的妇女主任姚步云记忆犹新：为节约材料，张雅琴带着村干部到周围毁弃的房舍挑废砖，扁担咯吱咯吱响，汗水湿透了衣衫；为抢进度，寒冬腊月，河水冰冷，张雅琴挽起裤腿"扑通"跳进河里，带头挖起了土方……

桥建好了，崔洪昌找上门来，"有张书记在，我没什么可顾虑的！"

为了给村集体增加积累，2002 年，张雅琴成立了一支村干部园林绿化队，

古之君子，其责己也重以周，其待人也轻以约。

——（唐代）韩愈《原毁》

105

劳动是义务，收入全归集体。"干部干部，就要先干一步！"张雅琴说。

开发区的香樟、丹阳师范的竹子……张雅琴带着村干部绿化队转战丹阳各地。承揽天工集团绿化工程时，张雅琴的肩周炎犯了，一只胳膊抬不起来。为不影响工作，她服了过量药物，没想到一条腿却不听使唤了。

烈日下，张雅琴头戴草帽、肩搭毛巾、挥汗如雨。"她拖着一条腿，硬是坚持和我们一起把绿化工程做完，还对我们开玩笑说大家晒成'煤炭部长'！"当年的村会计、如今的金桥村党总支副书记陈建芬含泪回忆。

### 发展——"不能再错过发展的机遇了"

木桥的南岸，依次排开建有 3 座楼：百乐楼、千禧楼、万安楼。一楼是商铺，上面是住户。

这 3 座楼，是张雅琴为壮大集体经济而建的。楼刚盖好时，村里没人买，张雅琴就动员丈夫陆荣华带头买。她又找到崔洪昌寻求支持，崔洪昌一下买了好几套。商铺陆续卖了出去，木桥村开始有了稳定的集体收入。

张雅琴还在不断招商，邻村闸桥在外办汽车灯具厂的郭志强，成了她下一个引资对象。又是几次上门，张雅琴以她的诚恳感动了郭志强。有了崔洪昌、郭志强的带动，木桥村很快引进了十余家规模企业，如今年销售收入基本都在亿元以上。

乘势而起，张雅琴决定由村集体投资建起一个工业园，吸引小企业入园为大企业做配套。于是，紧挨着 3 座楼，南河边又建起了一个建筑面积 3 万多平方米的工业园，共有标准厂房 300 多间。这样，不仅解决了 400 多名村民的就业，村集体每年还可以收取租金 180 万元。

2007 年，村里通过合资形式，投资 1500 万元建起了物流中心。建成之初，生意清淡，村里人看到张雅琴每晚都要跑去查看。昏黄的路灯下，她边看边思考，单薄的身影被灯光拉得很长很长……后来，经过多方调研、求教，村里投资在物流中心建设招待所、饭店等配套设施。功能完善了，物流中心顾客盈门，168 间商铺被承租一空，每年村里可收租金 160 多万元。

张雅琴以近乎奔跑的速度不断向前："20 世纪 90 年代我们错过了一轮发

展机遇,落在了后面,现在我们不能再错过发展的机遇了!"

大局——"小康路上,不能让一户掉队"

2004 年,木桥村状况有了很大改善,不仅还清了欠债,账上还有了 140 多万元的积累。

这时候,镇上把更落后的闸桥、八字桥两个村并入木桥村,改名为金桥村,49 岁的张雅琴出任金桥村党总支书记。

木桥村的群众意见大:"刚过两天好日子,又要拖上两个穷亲戚,以后日子还能好到哪?"干部也满心不情愿,"第一次开会,30 多个村组干部啥坐相都有,明摆着心里都有气,较着劲呢!"村里干部徐金保回忆说。

张雅琴大会小会做群众工作:"大家都要一条心,3 个'桥'很快会变成真正的'金桥'!"金桥村党总支副书记、原八字桥党支部书记何冬生深有感触:"正是因为张书记特别顾大局,合村之后的班子才非常团结。"

合村之后,张雅琴做的第一件大事,就是用原来木桥村的积累,为另外两个村还清了 40 多万元的欠债。

"小康路上,不能让一户掉队。"这是张雅琴挂在嘴边的一句话。开门窗加工店的陆步良忘不了张雅琴对他的好:老陆多年前因为工伤截掉了 3 根手指,很难再找到工作,张雅琴协调了好几个厂子,对方答应优先使用像老陆这样因工伤致残村民的劳动服务。老陆开了一个铝合金门窗加工店,很快接到了企业十几张订单。

为了带领全村共同奔小康,张雅琴发动全村 140 名党员开展"党员联户帮富",帮助 35 户贫困家庭发展致富项目。全村 4000 多人除没有劳动能力的,几乎人人都找到了活干。在张雅琴带领下,金桥村人均纯收入由 2000 年的不足 5000 元提高到 2010 年的 1.5 万元左右。

情牵——"如果再给我两年时间……"

2009 年 5 月,张雅琴被确诊为食道癌,依依不舍地离开金桥前往上海治疗。

鱼,我所欲也;熊掌,亦我所欲也。二者不可得兼,舍鱼而取熊掌者也。生,亦我所欲也;义,亦我所欲也。二者不可得兼,舍生而取义者也。

——《孟子·告子上》

　　她的丈夫陆荣华讲述了在上海治病时的情形：等待手术那几天，她电话打个不停，不住地在笔记本上写啊画啊，全是村里的事。陆荣华把她手机收了，她想到什么，还会恳求丈夫："荣华，再帮我打一个电话到村里，就一个！"

　　金桥的干部永远忘不了 2010 年的 1 月 2 日，那个寒风凛冽的日子。那天，离开医院回村休养的张雅琴带着村干部在本村、邻村转了半天，最后在江边的洪楼村站定："今天开个现场会，就是要看看我们金桥和别的村有什么差距。各村都在搞建设，发展得都很快，我心里急啊！"陈建芬看到，她苍白的脸冻得发紫，猛烈的江风像要把她刮倒。村干部心疼地建议回村委会再商量，张雅琴的拗劲上来了："不行，我们就开现场会，回去气氛就不同了。你们不要担心我，金桥今后的发展比我个人重要得多！"

　　张雅琴的生命即将走到尽头。陆荣华回忆说，有时她半夜挣扎着坐起来，倚在床头发呆。问她是不是不舒服，问了几遍，她才回过神来，轻轻地说："不是的，我在想村里的事呢。"

　　金桥的干部来看张雅琴了，张雅琴问陈建芬："金桥大厦电梯房入住情况怎么样？村民满意吗？"陈建芬强忍眼泪回答："入住情况很好，大家都夸村里又做了一件好事。"张雅琴很欣慰："那就好，百姓满意就好。"

　　"百姓满意就好"，这成了张雅琴留给金桥村干部的遗言。

　　2010 年 9 月 21 日，丹阳市委书记李茂川赶来探望，张雅琴以微弱的声音说："如果再给我两年时间，让我再拾掇拾掇，咱们金桥村就更对得起这名号了，我也就死而无憾了！"李茂川的泪掉了下来："一个生命垂危、身高 1 米 66 但体重只剩下 60 多斤的弱女子，心中还挂念着全村的事，这是一种怎样的境界啊！"

　　2010 年 9 月 27 日，张雅琴的生命之火熄灭了。"春蚕到死丝方尽"，村里人说，"张书记为我们金桥吐尽了最后一根丝！"

　　　　　　　　　　　　　　——摘自《人民日报》，2011 年 5 月 31 日

## 4. "暴走妈妈"陈玉蓉：一份伟大的亲情

今年 55 岁的陈玉蓉，是湖北武汉一位平凡的母亲，她的儿子叶海滨 13 岁那年被确诊为一种先天性疾病——肝豆状核病变，这种肝病无法医治，最终可能导致死亡。前不久，叶海滨的病情恶化住进医院，生命危在旦夕。为了挽救儿子的生命，陈玉蓉请求医生手术将自己的肝移植给儿子。

然而，就在手术前常规检查中，叶海斌被查出丙肝，必须全部切除，需要母亲切 1/2 甚至更多的肝脏给儿子。可是，母亲患有重度脂肪肝，1/2 的肝脏不足以支撑其自身的代谢。无奈，捐肝救子的手术被取消。

陈玉蓉从医院出院后，当天晚上就开始了自己的减肥计划——每天走十公里。在随后的 7 个多月里，她每餐只吃半个拳头大的饭团，有时夹块肉送到嘴边，又塞回碗里去。

陈玉蓉说自己有时太饿了，控制不住吃两块饼干，吃完了就会很自责。7 个多月来，她的鞋子走破了四双，脚上的老茧长了就刮，刮了又长，而几条裤子的腰围紧了又紧。

当她再次去医院检查时，奇迹出现了。脂肪肝细胞所占小于 1%，脂肪肝没有了。就连医生都感叹：从医几十年，还没有见过一个病人能在短短 7 个月内消除脂肪肝，更何况还是重度。医生说"没有坚定的信念和非凡的毅力，肯定做不到！"2009 年 11 月 3 日这对母子在武汉同济医院顺利地进行了肝脏移植手术。

这是一场命运的马拉松。她忍住饥饿和疲倦，不敢停住脚步。上苍用疾病考验人类的亲情，她就舍出血肉，付出艰辛，守住信心。她是母亲，她一定要赢，她的脚步为人们丈量出一份伟大的亲情。

——佚名 / 文

没有情感，道德就会变成枯燥无味的空话，只能培养出伪君子。

——（苏联）苏霍姆林斯基

## 5. 孟佩杰：恪守孝道的平凡女孩

童稚的年岁，她一力撑起几经风雨的家。她的存在，是养母生存的勇气，更是激起了千万人心中的涟漪。命运对孟佩杰很残忍，她却用微笑回报这个世界。

五岁那年，爸爸遭遇车祸身亡，妈妈将孟佩杰送给别人领养，不久也因病去世。在新的家庭，孟佩杰还是没能过上幸福的生活，养母刘芳英在三年后瘫痪在床，养父不堪生活压力，一走了之。绝望中，刘芳英企图自杀，但她放在枕头下的 40 多粒止痛片被孟佩杰发现。"妈，你别死，妈妈不死就是我的天，你活着就是我的心劲，有妈就有家。"

从此，母女二人相依为命，家中唯一的收入来源是刘芳英微薄的病退工资。当别人家的孩子享受宠爱时，八岁的孟佩杰已独自上街买菜，放学回家给养母做饭。个头没有灶台高，她就站在小板凳上炒菜，摔了无数次却从没喊过疼。

在同学们的印象中，孟佩杰总是来去匆匆。她每天早上六点起床，替养母穿衣、刷牙洗脸、换尿布、喂早饭，然后一路小跑去上学。中午回家，给养母生火做饭、敷药按摩、换洗床单……有时来不及吃饭，拿个冷馍就赶去学校了。晚上又是一堆家务活，等服侍养母睡觉后，她才坐下来做功课，那时已经九点了。

"女儿身上最大的特点是有孝心、爱心和耐心。"刘芳英说，如果有来生，她要好好补偿女儿。为配合医院的治疗，孟佩杰每天要帮养母做 200 个仰卧起坐、拉腿 240 次、捏腿 30 分钟。碰上刘芳英排便困难，孟佩杰就用手指一点点抠出来。

2009 年，孟佩杰考上了山西师范大学临汾学院。权衡之下，她决定带着养母去上大学，在学校附近租了间房子。大一那年暑假，孟佩杰顶着炎炎烈日上街发广告传单，拿到工资后的第一件事就是买养母最爱吃的红烧肉。

"我只不过做了每个女儿都会做的事。"不少好心人提出过帮助，都被孟佩杰婉拒了，她坚持自己照顾养母。孟佩杰的毕业愿望是当一名小学老师，安安稳稳，与养母简单快乐地生活。

在贫困中，她任劳任怨，乐观开朗，用青春的朝气驱赶种种不幸；在艰难里，她无怨无悔，坚守清贫，让传统的孝道充满每个细节。虽然艰辛填满四千多个日子，可她的笑容依然灿烂如花。

——佚名／文

## 6. 拉煤老人陆松芳的善举

一个 78 岁的老人，20 年来绝大多数日子里拉着七八百斤的煤饼叫卖，每卖 100 斤只赚两三元。但听到四川发生地震的消息后，他拿出 1.1 万元，捐给灾区。这些钱，他要卖掉大约 50 万斤煤饼才能挣到。

他很少花钱。清晨醒来，用前一天剩在脸盆里的小半盆水洗脸，然后掀开床边矮桌上的一个纱饭罩，取出一碗剩饭，用热水泡一下当早饭。常常没有任何下饭的菜，就连一点儿咸菜也没有。偶尔，他才给自己买上一个 3 元钱的盒饭。

他住在一间五六平方米的小木屋里，月租 30 元。在浙江德清新市镇上，这几乎是最便宜的地方。窗玻璃裂着破口，屋里只有床和一张看不清颜色的小矮桌。一盏 10 瓦的电灯，是唯一的电器。墙壁上贴着掉了色的旧挂历，很多墙皮已经开裂。一根塑料绳从墙壁连到床架上，上面挂着十几件破破的、看不出颜色的旧衣服。地上堆着十几双不同尺码和风格的旧鞋，大多是他捡回来的。

当镇上其他几个同行已经开上拖拉机或小货车卖煤饼时，陆松芳依然拉着平板车叫卖。他满头白发，身高只有 1.50 米。58 岁那年，他从老家来到新市镇拉煤，长年的重体力劳动，使得他的身体有些佝偻。

通常，他早上六七点钟就赶到镇上最后一家煤饼厂，工友们会帮着将二三十箱煤饼装上他的平板车，每箱 30 斤。他冲着大伙儿点头笑笑，算是谢过。然后把车绳往右肩上一套，便开始了一天的买卖营生。

从煤饼厂走上公路，是最艰难的一段，先是大约有 50 米长的一段陡坡，

应该热心地致力于照道德行事，而不要空谈道德。

——（古希腊）德谟克利特

一上公路又是一段上桥的路，约有一二百米。陆松芳不得不使尽全身力气拉着沉重的板车往上挪。每当这个时候，他的身子弯得很低，头几乎要碰到路面。有时候，工友们会帮他一把，把车推上大桥。

20年来，他的客户日渐稀少，如今只有那些路边的小吃店才会光顾他的生意。因为他卖出的煤饼最多，也因为他拉板车确实辛苦，煤饼厂卖给他的煤饼，每箱要比别人便宜一毛钱。

2008年5月14日上午8点多，陆松芳拉着板车来到了镇上最热闹的广场。这一天，镇政府在这里搭了台子，号召全镇居民为地震灾区捐款。

下午，陆松芳来了。他掏出了1000元现金和一张1万元的存折，先将现金捐了，接着拿出身份证，连同存折一起，递给工作人员，"我要卖煤饼，没时间去银行取钱，麻烦你帮我去取出来捐掉吧。"

许多工作人员围拢过来，他们盯着陆松芳，看到这个面色赤红、白发苍苍的佝偻老人，感到惊讶。

认识陆松芳多年的翟永梅并不感到意外。2009年2月初，浙江北部遭遇罕见的大雪，新市镇积雪厚达三四十厘米。陆松芳出门卖煤饼，看到往来菜市的道路积雪严重，有老人和孩子滑倒，他找了把扫帚开始扫雪。因为积雪很厚，扫帚不太起作用，陆松芳回家取了1000元，在附近商店买了25把铁锹，然后请人写了一张告示贴在路边："抗雪救灾人人有责，谁拿我的铁锹铲雪，这把40元的铁锹就送给谁。"他的爱心之举招来了不少行人，人们纷纷加入到义务扫雪的队伍中，30多人经过两小时的努力，把一条500米长的雪路扫得干干净净。雪灾过后，德清电视台送给陆松芳一面奖牌，上面写着"风雪中的感动"。

这一次，这张万元存折却真的让翟永梅和镇上其他干部为难。大家讨论再三，陆松芳毕竟是78岁的老人，家又在农村，没有劳保，需要留足养老钱，更何况老人已经捐出1000元，不少了。大家决定把存折退还给陆松芳。他却生气了，拿回存折和身份证，丢下一句"和你们说不清"，扭头走了。

过了一会儿，陆松芳又出现在捐款点。这一次，他直接拿出1万元现金。原来，他自己去银行取了钱。

捐款现场，有人认出他来，"这个老伯，不就是前几年给大家修凉亭的那个人吗！""没错，我也认得的，那次修凉亭，他本来要捐 1 万元，后来包工头被他感动了，少收了 1000 元。"一些围观者受了感染，也往募捐箱里塞钱。

社区干部决定给老人的子女们打电话，因为"这差不多是陆松芳两年的全部收入了。万一子女们不知道，以后一旦要闹矛盾就不好了。"

出乎意料的是，陆家子女全都支持老人捐款。他儿子在电话里告诉社区干部，"等他真干不动了，我们子女会养他的。"

两天后，卖煤老人捐万元巨款的新闻，出现在新市镇的新闻网站上，很快，这则新闻就传遍了全国。他被网友称为这场地震中最让人感动的人物之一。但陆松芳对此一无所知，他所关心的，只是卖煤饼这件营生。但他的生活里，来了很多不速之客。

他叫卖煤饼时，有人骑着摩托车满大街找他，给他拍照；他回到家时，有陌生人在门口等他，非要和他聊聊。这些人有的是当地干部，有的是外地来的记者，甚至，还有在德清的四川籍打工者。陆松芳只会说德清当地的土话，每次都要邻居或者镇上干部帮着做翻译。他不善言谈，说得最多的一句就是，"受灾群众就好比是我的兄弟姐妹，他们出事了，我这个做哥哥的，只要还有一碗饭，就要分给他们。"

78 年的平凡人生，因为这次捐款，变成一个热门话题。其实，这只是一个朴素的、关于感恩的故事。

陆松芳很小的时候，父亲早逝。母亲缠着小脚，不能下地干活儿，也没什么收入，全靠周围邻居帮忙，"吃百家饭"才勉强把孩子拉扯大。陆松芳的弟弟也饿死了。

母亲一直教育陆松芳，要回报那些曾经帮助过他们的好心人。虽然陆松芳只读过几天夜校，却对《游子吟》十分熟悉。母亲的教诲他一直记得，"报恩"成为他心上一桩搁不下的心事。

煤饼厂承包人孟建华记得，前几年春节，陆松芳每年都要去批发十几箱苹果，拉回老家乡下，给他所在村民小组的每家人送一箱，感谢人家过去给他饭吃。这一送就是四五年。"他老是和我们说，现在生活条件好了，要回报人家。可他的生活，也实在很辛苦啊。"孟建华说。

感情有着极大的鼓舞力量，因此，它是一切道德行为的重要前提。

—— （苏联）凯洛夫

113

没人知道陆松芳什么时候会歇下来。至少现在，他还继续拉着板车叫卖煤饼，他甚至幻想着，煤饼厂能够搬到离镇上近一些的地方……

——蒋薇/文

## 7. 王文珍：身边的"提灯女神"

33年，王文珍默默坚守在一线临床护理岗位，用她的追求，赢得了人们的尊敬。

### 病人面前，用亲情温暖生命

一个偶然的事件，让王文珍的内心深处，埋下了在护理岗位上默默奉献的种子。

那是她1978年刚刚考入海军总医院护士学校不久的一天。平时身体健康的父亲，突发心肌梗死，由于救治不得当，不幸去世。

父亲的离世，深深地触动了她。"病人把生命交给你，你就得对他们负责。作为一名护士，就要像对待自己的亲人一样，对待病人。"

1981年6月，王文珍毕业了。她说，从走进海军总医院消化内科做护士的那一天起，就默默地立下了誓言：要让每一名患者都得到最及时的救治。

刚做护士不久，王文珍看到一位不能自理的老人，没有亲属陪床，就主动承担了陪护老人的工作。帮老人翻身、洗尿布、擦洗身子……

"你一个大姑娘，做这些怪不好意思的。"有人劝阻王文珍。

王文珍说，不好意思也得做，这是工作。老人病愈出院了，没有因为长期卧床得过褥疮。

1986年，医院成立了急诊科。王文珍第一个报名，这一干就是22年。

几年前，一名20多岁的小伙子知道自己得了艾滋病后，绝望地跳楼自杀，被送到海军总医院急诊室时，生命垂危。

王文珍在为他吸痰时，患者的呕吐物喷了她一脸。

因为恐惧艾滋病，很多医护人员不愿意承担护理工作。王文珍说，不论什么病，患者都有接受护理的权利。不能因为恐惧艾滋病，就区别对待病人。

在急诊观察室的 20 多天里，她为病人洗头洗脸、剪指甲、刮胡子，病人截瘫后排便功能出现障碍，她就戴上手套为他掏大便……

出院时，小伙子泣不成声："自从得了艾滋病，许多亲友都躲着我，您却像亲姐姐一样照顾我！"

当王文珍被问到什么是让她最难忘的，"病人依然记得我"，她简短地答道。

曾经护理过的一位病人，20 多年后，无意中碰上王文珍，依然记得她，让她感动不已。"看到这些熟悉却又陌生的面孔，聊起当年的往事，心里特温暖，特满足。"王文珍说。

### 灾难面前，用真情守护生命

"我是党员，我先上！"每一次面对危险和灾难，王文珍都这样说，这样做。

2003 年，非典疫情异常严峻，人们"谈非色变"。"不管这种病有多大的传染性，只要病人来了，我先上！"王文珍把危险留给了自己。

一天，医院收治了一位重症非典女患者，这位女患者已传染了 3 人，被隔离后不配合治疗，情绪非常低落，几次执意要轻生。

不管患者怎样发脾气，使性子，王文珍都不离不弃。每天，给病人喂水、喂饭、倒大小便，和病人拉家常。

"你最想谁？"王文珍问她。

"最想 9 岁的女儿。"病人说。

"我也有一个女儿，孩子怎么能没有母亲啊，你的病一定能治好，孩子在等你回家呢！"

病人康复出院时，紧紧拉着王文珍的手。"护士长，要是没有您，我肯定挺不到今天，也活不到出院。"

在非典病房，122 个日夜，王文珍 3 次放弃轮换。她说："除非我病倒，

没有伟大的品格，就没有伟大的人，甚至也没有伟大的艺术家，伟大的行动者。

—— （法国）罗曼·罗兰

否则我决不离开。"

2008 年，汶川发生大地震。已经 46 岁的王文珍，再一次向党组织递交了请战书。那时候，她患有严重的腰间盘膨出、膝关节积液。

5 月 14 日，王文珍和战友们，背负沉重的医疗器械，把一个成建制的医疗队，搬进了北川县城。第二天，他们径直来到坍塌的北川县政法委大楼。当时，余震不断，在废墟中救援随时有生命危险。

王文珍一次次在废墟上、危楼中穿行，寻找幸存者。裸露的钢筋、铁丝和锋利的瓦片，把她手脚扎破，鲜血直流……

灾区天气特别冷，为了让药物发挥最大的作用，王文珍和护士在给孩子输液前，先用体温把液体焐热……

灾区条件简陋，伤员特别多，心细的王文珍就把抢救后的幸存者资料简单记录在手臂上，以便复查……

医疗设备不足，王文珍和战友们一起用床板、坐椅抬伤员，多次累得摔倒在台阶上……

时任医疗队队长的海军总医院院长钱阳明动情地说："60 多小时的生死大救援，王文珍没洗一次脸，没刷一次牙，饿了吃口饼干，渴了喝点矿泉水，和战友一起救治伤病员 109 名，解救出废墟下被困人员 10 名……"

70 多个日日夜夜里，王文珍和队友先后转战北川、绵阳、安县等重灾区。抗震救灾胜利后，她被表彰为"全国三八红旗手"。

### 使命面前，用激情燃烧生命

王文珍到了海军总医院之后，一直都没有放弃学习。

王文珍总是说，现在医疗技术发展这么快，我只是中专学历，不学习怎么能跟上时代呢？

那时候，王文珍住的房子很小，只有 9 平方米，放进吃饭的桌子和床，基本上就没什么空间了。晚上看书的时候，怕影响丈夫和女儿睡觉，她就自己躲到厕所里去，一看就到半夜。

到了要考试的时候，她就几乎不睡觉了，白天上班，晚上学习。

这样，王文珍自学考上了大专，后来又上了本科。

2009 年 10 月 27 日，人民大会堂。当中共中央总书记、国家主席、中央军委主席胡锦涛亲自把第四十二届南丁格尔奖章挂到王文珍胸前的那一刻，她激动不已。

采访王文珍，王文珍谈得最多的是两个字：感恩。怀着一颗感恩的心，王文珍追求的脚步，一刻都没有停息。

2009 年夏天，我国自行研制的 866 医院船，进行 25 天的满负荷检验性训练。训练中，王文珍带领队友，大胆创新海上复杂条件下的护理模式，有效提升了战时护理工作的质量和安全。她撰写的多篇论文，填补了我军海上救援护理领域的空白。

去年 8 月，王文珍随"和平方舟"医院船赴亚丁湾和吉布提、肯尼亚、坦桑尼亚、塞舌尔、孟加拉国等亚非 5 国执行"和谐使命—2010"人道主义医疗服务。

出发前，王文珍详细了解所到国家的医学地理情况和基本医疗状况。航程中，她针对孤残智障儿童、普通平民和孤寡老人等不同对象，拟定了服务计划。

到了当地，她带领医疗队，与当地医护人员进行传染病、常见病、多发病诊治与防护知识交流，开展巡诊服务、健康宣传和文化联谊，推广展示针灸、按摩等传统中医技法。

历时 88 天，航程 17800 海里，王文珍将"和谐世界、和谐海洋"的理念，播撒在亚非友谊的动人画卷中。

海军总医院政委杨明建说，王文珍用生命践行使命，把全部的精力、真诚的大爱献给了她钟爱的护理事业，却对家庭和亲人留下了太多的愧疚。

王文珍当了 16 年的急诊科护士长，16 个春节都在急诊值班室度过。

女儿 10 岁前，王文珍上夜班，经常将女儿一个人反锁在家里；女儿中考时，王文珍又在非典病房 4 个多月，无暇顾及……

丈夫为了照顾她和女儿，不得已放弃待遇优厚的工作，随军当起"家庭主夫"……

理智要比心灵为高，思想要比感情可靠。

—— （苏联）高尔基

母亲病危时，王文珍因为执行紧急任务，未能见到最后一面。庆功那天，她独自一人，泪流满面……

王文珍说，在海军总医院，有很多很多像她这样的人，她只是这个集体的一分子，一个普普通通的军中白衣战士。

——摘自《人民日报》，2011 年 4 月 20 日

## 8. 胡忠和谢晓君：怒放高原的并蒂雪莲

这两位老师让我们知道：人最大的富庶在于爱和信念的坚持，他们用生命提携了孤儿的成长，在一个物质繁盛的时代里，他们仍然让世界相信：精神无敌。

刚刚过去的龙年春节，胡忠留在福利学校照顾孤儿们，谢晓君带着女儿回成都探亲。"能够担的就多担一些，春节嘛，让老师们都回去，我来陪着。"作为校长，胡忠眼中的福利学校是另一个家，这里的孤儿都是他的孩子。进藏至今，一家三口很少有机会聚在一起过年。

"成都少了一个我这样的老师，没有任何损失；但对藏区的孤儿而言，我的到来或许能改变他们的命运。"11 年前，这位成都中学的化学老师辞掉工作，告别妻子与刚出生的女儿，来到甘孜州康定县塔公乡支教，每个月仅有 300 多元的生活补助。

福利学校海拔 3800 米，甘孜州 13 个县、4 个民族的 143 名孤儿被安排在这里寄宿制读书。除了上课，胡忠每天清晨 5 点多打开校园广播，叫大家起床、做操，平时要照顾他们的生活起居。一听说哪里有孤儿，他立马赶过去接人。久而久之，当地百姓把胡忠叫做"菩萨老师"。

丈夫离家的前两年，谢晓君都是利用假期过去探望，教音乐的她偶尔还客串几回代课老师。与孤儿们接触的次数多了，川妹子动了留下来的念头。2003 年，谢晓君报名支教，在旁人不解的目光中，她抱着女儿，与丈夫在福利学校"会师"。

从盆地到高原，适应的过程充满了委屈。刚来的几个月，3 岁的女儿整晚咳嗽，谢晓君也因缺氧头疼，无法入睡。尽管也会抱怨，但不服输的性格让她迎难而上，"既然来了，说什么也不能打退堂鼓。"

通过自学朋友寄来的教材，谢晓君尝试过音乐老师以外的 4 种角色——数学、生物、生活老师以及图书管理员，顶替离开的支教同行。"这里只有老师适应孩子，只要对孩子有用，我就去学。"2006 年，谢晓君调去了位置更偏、条件更苦的学校"木雅祖庆"。她把工作关系转到康定县，许诺"一辈子待在这儿"。

他们带上年幼的孩子，是为了更多的孩子。他们放下苍老的父母，是为了成为最好的父母。不是绝情，是极致的深情；不是冲动，是不悔的抉择。他们是高原上怒放的并蒂雪莲。

——佚名 / 文

119

## 9. 热心驱散人间冷漠

2011 年的龙江大地传颂着大庆小伙石全在救人被误会的情况下，仍将好事做到底的故事。2011 年 11 月 6 日，大庆市文明办授予被网民赞誉为"委屈哥"的他"文明市民"荣誉称号。

### "救人者"被当"肇事者"

10 月 22 日下午，大庆团市委干部石全开车去哈尔滨办事。途经北环路时，看见一名女子怀抱一名受伤的小孩，穿梭在车流中拦车求助。

见此情景，石全迅速将车停靠女子身边："是不是去医院？快，快上车！"女子带着哭腔对石全说："女儿在楼梯上玩，从楼梯上摔下去，磕成这样，我拦了好几辆车，都说不顺路。"

当时，女孩眉毛下有一条很长很深的伤口，皮肤外翻，流血不止。石全见状，

有德行的人之所以有德行，只不过受到的诱惑不足而已；这不是因为他们生活单调刻板，就是因为他们专心一意奔向一个目标而无暇旁顾。

——（美国）邓肯

将车开到了最近的儿童医院，可医生表示，孩子伤口太深，必须到其他医院救治。石全又将女孩抱回车上，第一时间将母女俩送到哈尔滨医科大学附属第一医院。

女孩的母亲急匆匆地去办理入院手续；石全怀中抱着女孩，不断安慰她。

此时，女孩的父亲慌张地赶到医院，看到石全正抱着自己的女儿，就一把从石全怀中抢过孩子，劈头责问："是不是你伤害了我女儿？"不等石全解释，女孩父亲揪住石全的上衣领子，喊着："撞我女儿，看我修理你！"石全知道被误解了，解释道："她不是我伤害的……"

### 受委屈也要把好事做到底

女孩的妈妈办完入院手续回来，看见丈夫在和恩人争吵，急切地问："咋的了？"孩子爸爸说："是不是这个人把女儿撞了？我饶不了他！"

一听这话，女孩妈妈急着说："他是救咱女儿的好人！"

知道真相后，女孩爸爸愧疚万分，连声向石全说对不起……

女孩母亲从丈夫手里接过女孩，催促他去交住院押金，然后转身对石全千恩万谢。石全说："不客气，谁遇见了都不能袖手旁观。"

当石全准备离开时，女孩的爸爸跑回来，冲着妻子说："伤口内缝需要3000块钱，你兜里有钱吗？我身上的钱不够。"女孩的妈妈一翻兜，只掏出了50元钱。

石全停下离去的脚步，马上取出3000元钱，递给女孩的爸爸，女孩被及时送进了急救室。

石全见受伤女孩得到了妥善安置，便悄悄地离开了医院。

### "我们不能让好人受屈"

被救的小女孩叫希希，她的妈妈叫温晓婷。

希希的家人没有忘记这位大庆的恩人，多方打探，希希的爸爸终于通过车牌号，找到了石全。

10 月 27 日，希希的伤基本好了，温晓婷夫妻带着女儿来到大庆，找到了石全，向他深深地鞠了一躬。希希的爸爸说："孩子她妈总念叨，我们不能让好人受屈，我们一定要找到恩人。"石全忙说："可别这样，谁见了这种情况都会伸手相救。"

大庆团市委书记李伟锋说："现在，大家都在批判路人见死不救的冷漠，很多人感到寒心，石全这一举动温暖了很多人，体现的也正是对生命的尊重、对善良的坚守、对敢于担当的期盼。"

——摘自《人民日报》，2011 年 11 月 16 日

人类被赋予了一种工作，那就是精神的成长。

——（俄国）列夫·托尔斯泰

## ◎【编者小语】

情感演奏人一生的乐章。由于时代不同，历史阶段不同，人类对道德的认识亦随之不断发展、变化。由于科学对情感奥秘探索的复杂、漫长，同时还由于东西方文化在道德建设的价值取向上存在的差异，千百年来，人类对情感与道德的关系有着不同的认知和表述方式。在当代，我们有必要站在人性的高度上，站在东西方文化的交汇点上，站在中国社会发展的历史转折点上重新审视道德情感力的作用。

有时候我们很忙，很累，我们的心灵疲惫，我们没有余力悲痛他人的不幸，可是一个老人的眼泪却扣住了我们的心弦，照亮了我们在这个现实社会中麻痹的心灵，这就是情感的迸发，这就是道德的力量；有时候我们认为雷锋已经远去，我们接受的是"厚黑"与"反厚黑"，我们吝啬伸出援助之手，可是，郭明义却温暖了我们每一个人，这就是情感的检讨，这就是道德的力量；有时候我们是平庸的、贫穷的、看上去不起眼的，可是在父母的心中，我们永远是他们的宝贝、心肝，那永远无法割舍的爱，父爱与母爱，无时无刻不滋润着我们在外漂泊的每个人的心房，这就是爱的告白，这就是道德的力量……

道德情感力是在我们饥饿、喜爱、痛苦和恐惧的时候，起到自我保护的本能的内在的力量。我们每一人在与他人的交往中都有过同情、自豪、憎恨、权欲、怜悯等感情经历，这就是道德的情感力，是对所有人更为幸福的命运的一种友善的关怀。

一个故事，会激发千万人树立伟大的目标；一个故事，会鞭策千万人养成良好的习惯和形成优秀的品德；一个故事，会勉励千万人勇于面对困难和培养战胜各种困难的能力。道德情感力时刻指导着我们的判断，激励着我们的行为，并在感动中激发每个人心中的道德力量。

第六章

# 有德者有福——从道德求幸福

2007年2月16日，刚刚卸任的联合国秘书长安南，在德克萨斯州的一个庄园里举行了一场慈善晚宴，旨在为非洲贫困儿童募捐，应邀参加晚宴的都是富商和社会名流。在晚宴将要开始的时候，一位老妇人领着一个小女孩来到了庄园的入口处，小女孩手里捧着一个看上去很精致的瓷罐。

守在庄园入口处的保安安东尼拦住了这一老一小，"欢迎你们，请出示请柬，谢谢。"安东尼说。"请柬，对不起，我们没有接到邀请，是她要来，我陪她来的。"老妇人抚摸着小女孩的头对安东尼说。"很抱歉，除了工作人员，没有请柬的人不能进去。"

"为什么？这里不是举行慈善晚宴吗？我们是来表示我们的心意的，难道不可以吗？"老妇人的表情很严肃，"可爱的小露西，从电视上知道了这里要为非洲的孩子们举行慈善活动，她很想为那些可怜的孩子做点事，决定把自己储钱罐里所有的钱都拿出来，我可以不进去，真的不能让她进去吗？"

"是的，这里将要举行一场慈善晚宴，应邀参加的都是很重要的人士，他们将为非洲的孩子慷慨解囊，很高兴你们带着爱心来到这里，但是，我想这场合不适合你们进去。"安东尼解释说。

"叔叔，慈善的不是钱，是心，对吗？"一直没有说话的小女孩露西问安东尼。她的话让安东尼愣住了。

"我知道受到邀请的人有很多钱,他们会拿出很多钱,我没有那么多,但这是我所有的钱啊,如果我真的不能进去,请帮我把这个带进去吧!"小女孩露西说完,将手中的储钱罐递给安东尼。

安东尼不知道是接还是不接,正在他不知所措的时候,突然有人说:"不用了,孩子,你说得对,慈善的不是钱,是心,你可以进去,所有有爱心的人都可以进去。"说话的是一位老头,他面带微笑,站在小露西身旁。他躬身和小露西交谈了几句。然后直起身来,拿出一份请柬递给安东尼:"我可以带她进去吗?"

安东尼接过请柬,打开一看,忙向老头敬了个礼:"当然可以了,沃伦·巴菲特先生。"

当天慈善晚宴的主角不是倡议者安南,不是捐出 300 万美元的巴菲特,也不是捐出 800 万美元的比尔·盖茨,而是仅仅捐出 30 美元零 25 美分的小露西。她赢得了最多最热烈的掌声,而晚宴的主题标语也变成了这样一句话:"慈善的不是钱,是心。"

这是一则让我们感动的真实故事,那个捐出 30 美元零 25 美分的小姑娘是幸福的,因为给别人以帮助,她自己的内心也是充实的,它源自道德情感上的成熟和自信。反观现实当中那些还纠缠在名与利当中的人们,对于他们而言,从道德求幸福,本身就是一句沉甸甸的话,也值得我们每一个人去思考。

◎【品味经典】

## 1. 勤俭持家——朱德论勤俭的美德

……

我国人民向来是勤劳节俭的，"食求果腹，衣求蔽体"的传统，一直保持了几千年。在过去几十年的革命战争时期，我们党所领导的军队以及广大干部继承并发扬了这一传统。生活俭朴，与群众同甘共苦，成为每个革命者所追求的美德。正因为如此，我党以及我党领导下的广大人民，能够在敌人重重包围和进攻的严重情况下，克服各种困难，终于战胜了敌人。在我们由乡村进入城市以后，一方面大大地改变了旧的资产阶级的城市所遗留下来的奢侈风气，但是另一方面，随着在和平建设环境中生活有了初步的改善，并由于资产阶级腐朽的思想和生活方式的影响，在某些人中间又滋长起一种奢侈浪费的风气，衣食追求华美，居住要求阔气，在婚丧嫁娶、送往迎来等方面讲究排场，以为这样才够"面子"。应该承认，这是一种不良的风气。这种不良风气，在一九五二年开展的"三反"运动中，曾经受到过批判，得到了一定程度的克服。但是，这几年来这种风气又有所发展，我们要把它彻底地纠正过来。

在旧社会生活过的劳苦群众和经过斗争锻炼的革命干部，对于艰苦奋斗和勤俭持家的号召，是容易接受的。因为他们在旧时代受过艰难困苦，拿今天的生活同过去的生活相比较，他们就知道今天的生活是大大地改善了。广大的青年群众也都懂得，祖国的美好将来和人民幸福的生活，只能靠艰苦的劳动来创造，他们生气勃勃地为新社会的建设而努力劳动。但是，对于一些青年，特别是对于一些受了资产阶级思想影响的青年说来，他们既不知道过去的艰苦，也就比不出今天的幸福。他们甚至说："你们是生活在旧时代，应该受苦；我们是生活在新社会，应该享福。"于是有些人就斤斤计较工资待遇的高低，专门

良心是由人的知识和全部生活方式来决定的。

—— (德国) 马克思

考虑个人的狭隘的利益；而对于我们国家还在刚刚开始建设社会主义，建设中还有许许多多的困难以及生活的改善只能随着生产的发展来逐步提高等重大的事情，反而置诸脑后了。这是一种最危险的现象。希望我们青年一代，坚决克服个人主义，树立集体主义，并以模范的实际行动投身到社会主义建设的伟大斗争中去。对于一些尚未成年的少年儿童，也应该加强勤俭教育，特别是对于一些家庭生活比较富裕的少年儿童，这方面的教育更为迫切需要。

——节选自《朱德选集》，人民出版社，1992年6月第1版

## 2.《尚书》中的幸福论

"五福：一曰寿，二曰富，三曰康宁，四曰攸好德，五曰考终命。六极：一曰凶、短、折，二曰疾，三曰忧，四曰贫，五曰恶，六曰弱。"

### 【译文】

"五种幸福：一是长寿，二是富贵，三是健康平安，四是修行美德，五是长寿善终。六种不幸：一是短命夭折，二是疾病，三是忧愁，四是贫穷，五是丑恶，六是懦弱。"

### 【读解】

幸福和不幸是价值观的体现。价值观因人而异，没有绝对的标准。在一个人看来是幸福的事，在另一个人看来就可能是不幸的。比如升官发财，飞黄腾达在众多人看来是一种幸福，这意味着权＋利＋名三大收获，可以满足贪欲。在另一些人看来，人沦为乌纱帽金钱虚名的奴仆是天大的不幸，这意味着人丧失了自我，自己为自己招来诸多束缚和烦恼。

天下最大的不幸恐怕是看不开。患得患失，斤斤计较，鼠目寸光，蝇营狗苟，围着油盐酱醋打转，都是看不开。想一想，人都是赤条条来到世上，也是赤条条离开，哪一样带得来带得走？"风物常以放眼量。"看得开就是幸福。

——节选自《尚书·洪范》

---

把"德性"教给你们的孩子：使人幸福的是德性而非金钱。这是我的经验之谈。在患难中支持我的是道德，使我不曾自杀的，除了艺术以外也是道德。

——（德国）贝多芬

### 3. 心智上的美德是沉思生活——亚里士多德对幸福生活的阐释

如果幸福就是符合于美德的活动，那么，它之应该符合于最高的美德，乃是很合理的；这将是我们之中最好的东西。不论这个被认作为我们的自然的统治者和指导者、并思考着高贵和神圣的事物的因素是理性还是别的东西，不论它本身就是神圣的或只是我们之中最神圣的因素，总之，这一因素的符合于其自身美德的活动，将是完满的幸福。

现在，这好像既符合于我们前面所说的，又符合于实情。因为，第一，这种活动是最好的（在我们看来，不仅理性是最好的东西，而且理性的对象也是可认识的对象中最好的东西）；第二，它是最有连续性的，因为，比起干任何别的事情来，我们是更能持续不断地沉思真理的。并且我们认为幸福总带有愉快之感，而哲学智慧的活动恰是被公认为所有具有美德的活动中最愉快的。无论如何，追求哲学智慧是被认为能给予人愉快的，这种愉快因其纯粹和持久而更可贵。并且，我们有理由认为那些有知识的人比那些正在研究的人会生活得更愉快。我们曾经提到的那种自足性，必定最为沉思的活动所具有。因为，虽说一个哲学家正像一个正直的人或一个具有任何一种不同美德的人一样，需要特定的生活条件，但当他们已经充分具备了这种东西之后，正直的人还需要那些他能对之施行公正行动的人们，有节制的人、勇敢的人以及有其他美德的人也都如此。

然而，哲学家即使一个人的时候，也能够沉思真理，并且他越有智慧就越好。如果他有共同的工作者，他也许能做得更好些，但他总还是最自足的了，好像只有这种活动才会因其本身而为人所爱。因为除了沉思之外没有别的东西从它产生出来；而从实践的活动中，我们除行为本身之外，或多或少总是有所得的。并且，幸福被认为是凭借于闲暇的，因为我们之所以忙忙碌碌正是为了能够有闲暇，从事战争正是为了要和平度日。可是，实际的美德的活动都表现于政治和军事的事务之内，而与这些事务有关的行为似乎都不是悠闲自在的。

战争方面的行为是完全如此的（因为没有人是为了要战争而选择投入战争或挑起战争的。任何一个人如果是为了要引起战争和屠杀而把自己的朋友变成敌人，那么，似乎只能说这个人是绝对嗜杀成性）；但是，政治家的行为也不是悠闲的，它（且不说政治行为本身）是以专权和名位为目的，或者至多也不过是以他自己和同胞们的幸福为目的——这种幸福乃是不同于政治行为的一种东西，并且显然是作为不同的东西来求取的。所以，如果在美德的行为里面，政治和军事行为的特色是在于其高贵和伟大，而这些行为乃是不悠闲自在的，并且是向着一个目标，而不是因其本身而可取的。

反之，理性的沉思的活动，则好像既有较高的严肃的价值，又不以本身之外的任何目的为目标，并且具有它自己本身所特有的愉快（这种愉快增强了活动），而且自足性、悠闲自适、持久不倦（在对于人可能的限度内）和其他被赋予最幸福的人的一切属性，都显然是与这种活动相联系着的。——如果是这样，这就是人的最完满的幸福，假若它被准许和人的寿命一样长久的话（因为幸福的属性中没有一种是不完全的）。

但这样一种生活对于人来说恐怕是太奢望了；因为人并不是就其作为一个人的资格而会这样生活，而是就他之中有某种神圣的东西存在，他才能如此。这些东西的活动胜过那种作为他种美德的运用的活动的程度，乃是视这种东西胜过我们复合的本性的程度而定的。那么，如果与人比较起来，理性乃是神圣的，符合于理性的生活与人的生活比较起来，就是神圣的。但是，我们应该不要听信有些人的话，这些人劝告我们，说我们既是人，就应当去想人的事务，并且作为有生有死的人，就应当去想有生有死的东西。我们应该尽力使我们自己不朽，尽力按照我们里面最好的东西来生活；因为即使它在量上很微小，但是在力量和价值上，都远远胜过一切东西。这东西似乎就是每个人的本身，因为它是人的内统治地位的和更好的部分。所以，如果人不选择他自己的生活而选择别种生物的生活，那就太奇怪了。我们以前所说的，现在可以用得着了，即是：每一种东西所特有的，对于那种东西就自然是最好的和最愉快的。因此，对于人，符合于理性的生活就是最好的和最愉快的生活，因为理性比其他任何的东西更加使人是人。因此这种生活也是最幸福的。

——摘自《西方古代教育论著选》，人民教育出版社，2001 年版

精神上的道德力量发挥了它的潜能，举起了它的旗帜，于是我们的爱国热情和正义感在现实中均得施展其威力和作用。

——（德国）黑格尔

## ◎【故事里的事】

### 1."当代雷锋"郭明义

"郭明义同志是助人为乐的道德模范,是新时期学习实践雷锋精神的优秀代表。要大力宣传和弘扬郭明义同志的先进事迹和崇高品德,为构建社会主义和谐社会提供强大精神力量。"这是 2010 年 8 月,胡锦涛总书记就学习宣传郭明义先进事迹作出的重要指示。

一年来,通过媒体报道、全国巡回报告以及电影电视等形式,全国掀起了宣传和弘扬郭明义先进事迹的热潮,让郭明义先进事迹广为人知,并感动着无数人。郭明义,成为全国瞩目的重大典型人物,成为全社会学习的道德楷模。

面对"成名"的郭明义,也许有人会问:他会不会跟以前不一样了? 今后做好事会不会有压力了? 对此,郭明义的回答斩钉截铁:"现在的我跟一年前的我没有什么不同,永远也不会变。"

郭明义,依然爱岗敬业,依然无私奉献,依然助人为乐,只是肩上的担子更重,责任更大;郭明义,仍是一面具有影响力和感召力的旗帜,只是这面旗帜越发鲜艳、越发火红。

**还是那样敬业,还是那样朴实**

2011 年 2 月 3 日,大年初一,14 时 27 分。一个熟悉的身影走进了鞍钢集团矿业公司齐大山铁矿采场办公大楼。"老郭啊,昨晚还在春晚电视上看见你呢,怎么这么快就回来了。"门卫老张看着眼前的郭明义有些意外。

"把工作当事业,把职责当使命,像雷锋那样忠于职守、爱岗敬业,做一颗永不生锈的螺丝钉。"这便是郭明义对待工作的态度。成为全国学习的重大典型以来，郭明义除了参加一些上级组织安排的活动之外，仍然每天4点半钟起床，提前2小时到采场，一如既往地认真工作。

去年8月17日，郭明义在全国总工会作完报告后，当晚返回鞍山，由于飞机晚点，到家时已是凌晨3时，鞍钢领导要求报告团成员回家休息一天。然而，第二天5时，郭明义的身影又准时出现在采场上。有的工友说，老郭你都成为名人了，还天天这么早上班啊。老郭回答道："我以前这样，现在还是这样，我就是一个普通劳动者。"

郭明义在工作中仍然冲锋在前、勇挑重担。今年3月，采场公路建设任务重，公司领导考虑到郭明义太辛苦，准备给他减任务。可郭明义说什么也不肯，他承诺："我保证完成，完不成就处罚我。"在近一个月的时间里，他不分昼夜，提前完成任务。而且，在建设中他根据最新的路渣结构，经过精确计算和反复试验，制订了新的配比方案，不仅节省了大量路渣，还提高了公路建设质量。

郭明义的个人待遇也没有因为出名而提高。去年11月，全国巡回报告结束后，矿里考虑到他工作忙，要给他配专车，又被他拒绝了。

他的同事说，老郭还是那样朴实。始终做一个平常人，做真实的自己，把更多的时间和精力用在工作和助人上。这就是郭明义的人生准则。依然行走在播撒爱的路上。

郭明义，做好事已成为一种习惯。在全国、全省巡回报告和到外地参加活动期间，郭明义有时会去参加当地的爱心活动，有时会去帮助困难学生和家庭，有时会挤出时间看望一下他曾经帮助过的人。

去年10月11日，郭明义同志先进事迹报告会在北京人民大会堂举行。第二天一大早，他便乘车赶往天津，那里有他一直惦记的重度再生障碍性贫血症患者殷懿。殷懿是辽宁科技大学学生，去年6月由鞍山转到天津接受治疗。郭明义在鞍山曾3次给他捐了1700元，并通过爱心团队在社会发起捐款和捐献造血干细胞活动。到了天津的医院，郭明义又拿出1000元钱给殷懿治病。目前，病情明显好转的殷懿即将返回大学校园。

在重庆作报告时，报告会临近结束，一个女大学生和一个小男孩手拉手登上讲台，向他献花。当主持人介绍，这就是郭明义资助的西南大学董慧和重

假如道德败坏了，趣味也必然会堕落。

—— （法国）狄德罗

庆市黔江区水田乡张猛两个学生时，颇为意外的郭明义一把搂住原打算此次要去看望的两个孩子，泪如雨下。随后，郭明义拿出 2000 元钱塞给了他们。

在济南报告会现场，当郭明义资助了 8 年、从未谋面的山东省济宁市嘉祥县五胞胎兄妹出现时，他跨上前去，含泪亲吻着每一张流着热泪的小脸，向孩子赠送了早已准备好的礼物。

结束了 20 多天、11 座城市的全国巡回报告，郭明义共捐出了 1.6 万元。

"他永远想着，能给别人什么。他永远问自己：我还能献出什么。"这是郭明义的人生信仰。一年来，郭明义将自己得到的奖金、慰问金以及各种捐赠资金总计 20 多万元，全部上交公司党组织。

### 越来越多的人加入爱心之旅

郭明义并不孤单。目前，郭明义爱心团队的志愿者已从一年前的 5800 人增加到 4.6 万人，在全国成立爱心分队达 100 多个。过去的一年，郭明义爱心团队和分队在鞍山开展的爱心活动超过 150 次。今年 3 月 5 日，由郭明义爱心团队发起的学雷锋大型奉献日活动，全国各地有 1 万多名志愿者参加。

"微友，您好！How are you！今天是一个值得记住的日子，我开始融入这个群体，同微友一起分享阳光、温暖、力量、快乐！谢谢！"这是 3 月 25 日郭明义发出的第一条微博。

郭明义开微博，目的很明确。他说："我想借助这个更广阔的平台，帮助更多有困难的人，带动更多愿意帮助别人的人，同时把自己的快乐和幸福传递给更多的人。"

郭明义的微博感动了很多网友。"郭大哥，原来你也是个开朗且能够接受新鲜事物的人，我也想参加您发起的造血干细胞捐献"，"经常看你的博文，很有感染力，很受教育，向你致敬"。还有许多网民表示要捐献遗体器官，要资助贫困学生。

今年 5 月，四川某高校一名大四女生在郭明义微博中求助：因家庭困难，尚欠学校 6000 元学费没有缴，影响到正常毕业。郭明义核实后，同在微博上认识的爱心志愿者——北京市贵友大厦的董敬一起为这名女生寄去 6000 元钱。

今年 6 月 14 日，在世界献血者日到来之际，郭明义爱心团队举行了大型无偿献血活动。与以往不同的是，这次活动是郭明义通过微博发起的。活动当天，全国各地和各行各业的郭明义爱心团队的 3000 多名志愿者共献血 60 多万毫升。

微博搭起桥梁，网络放大了爱心。通过微博，先后有 5000 多名网友加入了郭明义爱心团队，100 多名困难群众得到帮助。

"他总看别人还需要什么，他总问自己还能多做些什么。他舍出的每一枚硬币、每一滴血，都滚烫火热。他越平凡，越发不凡；越简单，越彰显简单的伟大！"这是"感动中国"2010 年度获奖人物组委会授予郭明义的颁奖词。郭明义就是这样的人。

——侯国政 刘家伟／文

## 2. 刘伟：用灵魂演奏生命音符

当命运的绳索无情地缚住双臂，当别人的目光叹息生命的悲哀，他依然固执地为梦想插上翅膀，用双脚在琴键上写下：相信自己。那变幻的旋律，正是他努力飞翔的轨迹。

当一名职业足球运动员是刘伟的青葱梦想，但 10 岁那年的一次触电事故，不仅让他失去了双臂，更剥夺了他在绿茵场奔跑的权利。

耽搁了两年学业，妈妈想让刘伟留级，他死活不干。在家教的帮助下，刘伟利用暑假将两年的课程追了回来，开学考试，他拿到班级前三名。重回人生轨道的刘伟，一直对体育念念不忘，足球不行，那就改学游泳。12 岁那年，他进入北京残疾人游泳队，两年后在全国残疾人游泳锦标赛上夺得两金一银。

"在 2008 年的残奥会上拿一枚金牌。"刘伟跟母亲许诺。谁知厄运又来纠缠，过度的体能消耗导致免疫力下降，他患上了过敏性紫癜。医生警告说，必须停

我深信只有有道德的公民才能向自己的祖国致以可被接受的敬礼。

—— （法国）卢梭

止训练，否则危及生命。无奈之下，刘伟与游泳说再见，走进了后来带给他成功的音乐世界。

练琴的艰辛超乎了常人的想象。由于大脚趾比琴键宽，按下去会有连音，并且脚趾无法像手指那样张开弹琴，刘伟硬是琢磨出一套"双脚弹钢琴"的方法。每天七八个小时，练得腰酸背疼，双脚抽筋，脚趾磨出了血泡。三年后，刘伟的钢琴水平达到了专业七级。

"我的人生中只有两条路，要么赶紧死，要么精彩地活着。"在《中国达人秀》的舞台上，刘伟演奏了一首《梦中的婚礼》，全场静寂，只闻优美的旋律。曲终，全场掌声雷动，他是当之无愧的生命强者。2011年年初，刘伟又登上了维也纳金色大厅。

脚下风景无限，心中音乐如梦。刘伟，用事实告诉人们，努力就有可能。今天的中国，还有什么励志故事能赶上刘伟的钢琴声。

——佚名／文

## 3. 吴菊萍：托举生命的最美妈妈

物质生活富足的时代，信仰迷茫、价值紊乱的新闻接踵而来，吴菊萍用柔弱的臂膀，托起了生命奇迹，唤醒了普罗大众对传统美德的自觉。

2011年7月2日下午，杭州滨江白金海岸小区。两岁的妞妞趁奶奶不注意，爬上了窗台，接着被窗沿挂住，随时都有坠落的可能。这可是在10楼，楼下的邻居都惊呆了。坚持了一分钟左右，妞妞还是掉了下来。说时迟那时快，刚好路过这里的吴菊萍踢掉高跟鞋，张开双臂，冲过去接住了妞妞。

被紧急送往医院后，吴菊萍被诊断为左手臂多处粉碎性骨折，尺桡骨断成三截，预计半年才能康复。逃过一劫的妞妞在10天后苏醒过来，开口叫了"爸爸、妈妈"。

"这是本能，是一个母亲应该做的事情。"躺在病床上，吴菊萍一脸平静。

事件发生时，她的孩子只有七个月大，尚在哺乳期。

荣誉铺天盖地，吴菊萍保持了清醒的认识，"我只是普通人，问心无愧就好。"公司奖励了 20 万元，她留作自用，为此背负了不少压力。"我需要好好生活，好好工作，才有能力去帮助身边的人。"赡养父母、培养孩子、还房贷……任何普通人，都无法对这些现实问题视而不见。

"我会把重心调整到工作、家庭中来，减少媒体活动。"吴菊萍年后将重返工作岗位，她最大的心愿是看着妞妞与自家孩子健康长大。

危险裹胁生命呼啸而来，母性的天平容不得刹那摇摆。她挺身而出，接住生命，托住了幼吾幼及人之幼的传统美德。她并不比我们高大，但那一刻，已经让我们仰望。她有一双最柔弱的臂膀，也是 2011 年中国最有力的臂膀。

——佚名 / 文

## 4. 烤羊肉串的爱心巴郎

快乐的巴郎，在烟火缭绕的街市上，大声放歌。苦难没有冷了他的热心，声誉不能改变他的信念。一个人最朴素的恻隐，在人群中激荡起向善的涟漪。

滴水之恩当涌泉相报。这辈子，阿里木都不会忘记刘老二，这位素昧平生的酒吧老板在他最困难的时候施以援手，借了 100 元给他。一次微不足道的义举，让阿里木在异乡站稳了脚跟，也成就了后来那位烤羊肉串的"慈善家"。

2001 年，新疆青年阿里木只身来到贵州毕节，摆起地摊卖烤羊肉串。热情风趣的吆喝，使他的生意渐渐红火起来。收入增加了，但他的日子依旧过得寒酸：租每月 100 元的房子，每天花 10 元钱填饱肚子。

如此吝啬为哪般？阿里木自有打算。刚到贵州时，他参与扑灭了一次山火，当地政府奖励他 300 元。他随后就找到毕节的妇联组织，连同自己身上的 200 元，全部捐给了一个因贫困而濒临辍学的学生。阿里木与"草根慈善"结缘后，烤羊肉串被赋予了新的意义。

---

美德有如名香，经燃烧或压榨而其香愈烈，盖幸运最能显露恶德而厄运最能显露美德也。

—— （英国）培根

得知大方县一所小学的学生没有书包，阿里木买了 181 个新书包，翻山越岭两个多小时，送到了孩子们的手中；另一所学校的 41 名学生交不起学杂费，他随即冒雨送去了 5000 元……

这么多年，究竟帮助了多少学生，阿里木已经记不清了。这位"草根慈善家"还拿出积蓄，在贵州大学与毕节学院设立了助学金。据说每串羊肉串赚 3 毛钱，阿里木迄今捐出了 15 万元，相当于烤了 50 多万串羊肉串。

捐资助学并非阿里木事迹的全部。汶川地震与贵州雪灾，他都踊跃捐款。玉树地震发生后第三天，阿里木携带装有行军床、被褥以及锅碗瓢盆的两大包行李，从贵阳赶往西宁，购置了 8000 多元的牛肉与蔬菜送到灾区。

传说贵州晴天很少，阿里木的行动给这里带来了照亮人内心世界的热烈的阳光。

——佚名 / 文

## 5. 谁愿意帮助对手

朱成，一个上海女孩。2001 年她从北京大学毕业，同年 4 月被哈佛大学教育学院以全额奖学金录取，成为当年哈佛教育学院录取的唯一一位中国应届本科毕业生。2002 年 6 月，获得哈佛大学硕士学位，同年 9 月她被哈佛大学文理学院聘为全职教师。2003 年 9 月，攻读博士学位。2006 年 4 月，她当选为有 11 个研究生院、1.3 万名研究生的哈佛大学研究生院学生会总会主席。这是哈佛 370 年历史上第一位中国籍学生出任该职位，引起了巨大轰动。

有 7 位美国总统毕业于哈佛。在历史上，担任过学生会总会主席这一职务的学生里，曾出过 3 位美国总统。这一职务有着哈佛"总统"的美誉。由 11 个研究生院推选 47 名代表组成委员会主持竞选，经过发布任职纲领、竞选演讲和回答委员提问等多个环节，朱成以其独特的魅力和干练的作风顺利地进入了前 4 名。她的对手是 3 名美国博士生：哈恩、吉米克和隆德里桑斯。

5 月初，调查表明，哈恩和吉米克的支持率分列第一、第二，而朱成紧随其后名列第三。落在第四的是隆德里桑斯。舆论普遍认为隆德里桑斯将退出竞选。没想到，他却突然来了个"杀手锏"。5 月 3 日，隆德里桑斯召开新闻发布会，对前三名候选人进行了猛烈攻击。他"爆料"说，哈恩的母亲 10 年前在家中自杀，她的死与哈恩父亲对她的虐待有关系。这样家庭里长大的哈恩，在精神上是否有男权主义倾向？吉米克曾在海滨对一名女士进行性骚扰，这样的人品不配当学生会主席。至于朱成，她在 2005 年夏天，以救助一位南非孤儿为名，侵吞了大量捐款，而那位南非孤儿现在仍然流落纽约街头。

隆德里桑斯发布的新闻让哈佛为之震动，研究生院很多激进组织马上召开集会，要求研究生院学生总会选举委员会立即取消 3 名候选人的资格。

这让朱成也受到了很多学生的质疑。为了证明自己的清白，朱成在学校召开了新闻发布会，她把那个 4 岁的南非女孩抱到了学校，并且出具了她生活得非常幸福的证明，这让隆德里桑斯的谎言瞬间烟消云散。由于哈恩和吉米克还没有澄清自己，隆德里桑斯被证实有说谎行为，这下获胜的天平又倾向了朱成。

为了报复隆德里桑斯之前对两人的"毁灭性打击"，哈恩和吉米克趁大家怀疑隆德里桑斯的时候，又曝光了一段隆德里桑斯在一家中国超市被警察询问的录像。他们说隆德里桑斯因为偷窃而被人抓到，在学校里引起了轩然大波，一时间，隆德里桑斯百口莫辩。这样，获胜的天平再一次倾向了朱成。

2006 年 5 月 11 日，是整个竞选中最关键的一天，4 个竞选者一起召开了新闻发布会。哈恩、吉米克和隆德里桑斯都显得有些沮丧，只有朱成依旧露出端庄的微笑。她走上台说："同学们，我今天想先告诉大家一件事情，就是关于隆德里桑斯在超市行窃的事。"

她的话，语惊四座，让所有的人都屏住了呼吸，隆德里桑斯更是因为恐慌而攥紧了拳头。朱成说："我认识那家中国超市的老板，我到他那里去过，问明了整个事情的经过。事实上，隆德里桑斯并不是因为行窃而被警察询问，而是因为帮助老板抓到了小偷，才被警察询问情况的！"

霎时，整个发布会现场一片哗然。隆德里桑斯惊讶地抬头看了看朱成，微张着嘴，想说什么，却欲言又止。哈恩和吉米克则有些沮丧，他们实在不明白

道德方面的伟大，就在于对朋友始终不渝的爱，对敌人不可磨灭的恨。

—— （德国）莱辛

她为什么要帮助隆德里桑斯澄清丑闻。难道她不明白，一旦他重获清白，就会成为朱成最大的对手？

是呀，谁愿意去帮助自己的对手？

竞选的局势再次因为朱成的爆料而扑朔迷离起来。竞选助理埋怨朱成帮了对手一个大忙，朱成只是淡淡地笑了笑说："我只是希望这次竞争能够公平一些，这样赢得的胜利才有意义。"

投票前15分钟，隆德里桑斯在广播里宣布了自己退出的消息，并且号召自己的支持者把票投给朱成。他说，他无法像朱成那样真诚与宽容，他已经输掉了竞选。如果朱成竞选成功，自己愿意做她的助理，全力协助她在学生会的工作……

2006年6月8日，朱成力挫群雄，以62.7%的支持率成了哈佛研究生院学生总会主席。

一个自信、宽容的人，才愿意去帮助自己的对手，最终也会赢得对手。因为自信和宽容显示了力量和品格。正如那些投票给朱成的学生说，他们相信，只有内心真正强大的人，才会追求公平、公正，才会看中结果，也享受过程。

——摘自崔鹤同《每天给自己一个希望》，
金城出版社，2009年7月第1版

# 6. 厚道的农民工

雪纷飞，破旧仓库里穿得单衣薄衫抖抖索索的四个男人都在翻口袋。"还有多少钱？"有人问。

一毛，四毛……最后一个钢镚落到桌上，叮当一声，砸痛四个男人的心。"只有六元一分！"桌面上的钱数了几遍，一点没错。

大雪封门。身旁堆放着一堆半成品汽车压盘，值两万多元呢，就是当废品卖，也至少卖9000元，他们心里知道的。饥饿，寒冷。院子里停着八辆自卸车。

开出去就能变钱，钱就能变成食品，解决一冬的饭食没问题。钱还能变成被子。在冰天雪地的冬天，四个男人可以不再合盖一张毛毯过夜。

心急如焚。贵重的东西惹不起，那些化铁水用的铁屑是不值钱的，堆在院子的一角，废品而已，不过也能卖两三千元，过年回家看看妻儿老小的路费足够了。四个男人并不是无路可走。这些堆着的东西自己也有一份呢。只要动动手，就可以拿回自己的工钱。

四个男人跺脚。天实在太冷，好些日子只能一餐吃两个馒头，好久没看到油星，案板上的那棵大白菜看了多少遍了，还是要留着过年解解馋。

"出门在外，人要讲究仁义，要有道德，不能做缺德事，不能把钱看得最重，老板跑了，他不仁，我们不能不义。"

"老板欠我们 5000 元工钱，要等老板回来。我们不能拿他的东西。也不能让小偷把老板的东西拿走。我们在，就不能让老板的东西少一样。"

"做人要厚道，东西被偷被损，老板的家业就毁了，我们要给老板留条后路。"

"老板欠我们的工资，工资是我们的，这些东西是老板的，我们要分得清！"

四个男人你一句我一句地相互鼓励着。

他们真的很卑微。出门打工的普通农民工，周围有几个人把他们放在眼里。没有鄙视没有把他们当贼防他们就很满足了。

他们却又崇高着。在被老板拖欠 5000 元生活无着时，他们坚持看管仓皇出逃的老板遗留在厂内的价值数万元的物资。他们坚守做人的原则，用自己的行动大声告诉世人：做人要厚道，要讲仁义！

他们是在河南南阳打工的：刘先仿、张海龙、李三海、刘敏。他们被称为"史上最厚道农民工"。

四个男人确实卑微，他们连自己的劳动所得都无法拿到，但他们却用卑微着的崇高说明，崇高与职业无关，与地位高低无关，与贫富无关。常被称作弱势群体需要社会救助的他们，却用卑微着的崇高救助了当今社会。

——单国友 / 文

道德中最大的秘密就是爱。

——（英国）雪莱

## 7. 深夜搭便车的女人

20年前，我开出租车为生，这是一种适合我这种不想有一个老板管着的人过的生活。当时我还没有意识到，其实那也是一种责任。

我开夜班车，于是我的出租车成了一个流动的忏悔室。那些不知姓名的乘客们坐上车，坐在我身后，对我讲述他们的人生。我遭遇过各式各样的乘客，但最让我难以忘却的是8月的深夜搭我便车的一个女人。

凌晨2：30，我开车到一座大楼下，那座大楼一片漆黑，只有一楼的一间窗户射出一点微弱的灯光。在这种情形下，大多数司机都只是按一两下喇叭，等待片刻，便开车离开。但我曾见过太多疲惫无力的人，坐出租是他们惟一能依靠的交通工具。除非我确实感到了危险的气息，否则我都要去敲敲门。我告诉自己，那个乘客可能是个需要我帮助的人。

"等一下。"门里传来一个虚弱、苍老的声音。经过了好一阵等待，门开了，一个80多岁的瘦小女人站在我面前，身着一件印花裙，头戴一顶帽子，帽上别着一层面纱，活像20世纪40年代电影中的人物。她身旁放着一个很小的尼龙手提箱。那间公寓看上去像是多年没有人住过了。所有的家具都用布盖着。墙上没有挂钟，橱柜里也空无一物。墙角有一个纸盒子，盒子里堆满了照片和玻璃器皿。

"你能够帮我把箱子搬到车里去吗？"她说。

我把箱子放到车里，然后返回去扶那位老人。她挽住我的手，慢慢走向车子，嘴里一直不停地感谢我肯帮助她。

"这没什么，"我告诉她，"我只是希望别人也能这样对待我的母亲。"

"噢，你真是一个好男孩。"她说。

我们坐进车后，她给了我一个地址，然后问道："你能够开车经过市中心到那里吗？"

"那不是最近的路线。"我不假思索地回答。

"噢，我不介意。"她说，"我不着急，我要去一个养老院。"

我看了看后视镜，她的眼里有什么在闪烁。"我在这个世上没有亲人了，"她继续说道，"医生说我的日子不长了。"

我平静地伸出手，关掉了计价器，问她："你想走哪条路线？"后面的两个小时里，我们驱车穿过整个城市。她指给我看一座大楼，她曾经做过那里的电梯管理员。我们经过了一个社区，她和丈夫新婚时就住在那里。她还让我在一个家具仓库前停了会儿车，那里曾经是一个跳舞场，当她还是个女孩子时，曾在那里翩翩起舞。

有时她会叫我在某栋楼房或者某个街角减速，然后只是沉默地坐在那里，盯着窗外的一片黑暗。当太阳的第一缕光芒刚穿过地平线时，她突然说："我累了，我们走吧。"

我们沉默地驶向她给我的那个地址，那是家养老院。"我应该付你多少钱？"她一边问，一边伸手去掏钱包。

"一分钱都不用付。"我说。

"你也得过日子呀。"她回答我。

"我还会碰到其他的乘客。"我告诉她。

几乎是不假思索地，我拥抱了她，她也紧紧抱着我。

"你为一个衰老的女人带来了片刻的欢乐。"她对我说，"谢谢。"

我握了握她的手，走向了那朦胧的黎明阳光。在我身后，门"嘭"地关上了。

那天，我没有再载别的乘客。我漫无目的地行驶在大街上，陷入深深的思索。在那一天里，我几乎一言不发。假如那个女人碰到了一个脾气糟糕的司机，或者一个因为夜班即将结束而显得不耐烦的司机呢？如果我拒绝载她，或者当时只是鸣了一次喇叭就扬长而去呢？

我想这一生里还没发生过比这个夜晚更有意义的事情。我们习惯于认为，生活的意义在于那些精彩的时刻。但精彩的时刻总是带着旁人看来微不足道的外表，不知不觉来到我们身边。人们可能已经记不得你曾经做过什么，说过什么了……可是他们会记得你给他们带来了怎样的感觉。

——约翰·西曼／文

修养的本质如同人的性格，最终还是归结到道德情操这个问题上。

——（美国）爱默生

## 8. 优雅的电梯工

一位每天乘火车上下班的朋友告诉我，在纽约曼哈顿第 181 街的中转站，有一部电梯将人们从这里送到 12 层楼下的地铁站，开电梯的工人布鲁斯·里弗若值得一写，"这一段路程在布鲁斯的手下变得让人向往和怀念。"他补充说。

于是在一个星期二的下午，我决定亲自前去看个究竟。

电梯的门慢慢打开了，人们蜂拥而入，我也被人流带了进去。

我眨了眨眼，简直不敢相信自己的眼睛了。

映入眼帘的，首先是贴在墙上的照片和画。数十张快照……黑人的、白人的、亚洲人的等等，另外，还有仔细从杂志上剪下来的漂亮的黑白混血爵士音乐家的照片、风景照等等。

电梯向楼下驶去，整个行程不过几分钟，但是这点时间也足够让布鲁斯祝愿他的乘客度过值得骄傲的一天。门开了，人们鱼贯而出，奔向地铁站。这个电梯工给我留下了深刻的印象，我决定采访布鲁斯。

"那些墙上的照片都是谁？"当电梯再次上满乘客向上驶去的时候，我问布鲁斯。"我的乘客。"他为他们拍下快照，每月定期换上新的。他指着另一部分照片说，"那是我的家人，我的儿子、孙子。"

我邀请布鲁斯在工间休息时到街上的咖啡店坐一会儿，他同意了。等待他的时候，我注意到来这里乘电梯的人不仅和布鲁斯很熟，而且他们之间也互相打着招呼。在和布鲁斯一起到两个街区外的咖啡店的路上，我注意到有 14 个行人和他打过招呼。

布鲁斯告诉我，他家住在皇后区，每天要乘一个半小时的车到曼哈顿来上班。

布鲁斯从 1982 年开始在大都会交通公司工作，当时他是一位清洁工人。"我很喜欢那个工作，当一天结束后，我可以看见由于我的劳动，为大家创造出了一个和先前完全不同的环境。"但是，1985 年的一次中风，使他不得不离开心爱的工作。"我病好之后，公司把我调来开电梯，这样，我可以不必举重物了。"

"问题是那时我自己感到厌倦，这样上上下下，被固定在死板的日常生活轨道里。他们几乎不互相看看，更不用说微笑了。"布鲁斯说，"我不知道一个普通的电梯工人究竟能做什么，才能使这份工作在我手上有所不同。"

一天下午，他讲了一个笑话，一位女士微笑了。也许这些人心里都有幽默的火花，只是需要激发罢了，布鲁斯想。

第二天，他在墙上贴了一幅画，是一些排列在碗柜里的盘子。他喜欢它们的排列样式。

"画的什么？"一位乘客问道。

"一些盘子而已。"

"还真好看。"

当布鲁斯把他家人的照片贴上去后，乘客们便问起他们来。他又从家里带来鲜花和植物。后来，CD 机里放出的音乐，使人们开始了相互间的交谈。"那是路易斯·艾姆斯通唱的，不是吗？""嘿，我小的时候常听那首歌。""来一点都克·爱林顿唱的歌怎么样？"很快，布鲁斯的电梯间成了城里最新的爵士乐俱乐部。

直到有一天，当他来上班时，发现电梯间被打扫一空。墙上没有了照片，角落里没有了募捐箱。另一位电梯工告诉布鲁斯，公司总裁正在地铁站的站台上做关于改进服务质量的讲演。"工头不想让老板看见你电梯间里的那些东西。他们说那样做不规范。"

布鲁斯把总裁来这里的事给大伙说了，人们点点头，他们也都看见站台上有一大帮记者正围着一个人，听说他就是该公司的大老板。

电梯到了街上一层时，大多数人留了下来，其中一个代表大家说："布鲁斯，把我们再送下去吧。"

30 秒钟以后，人们从电梯里出来，径直走到了公司总裁的身边。他们告诉总裁，乘坐布鲁斯的电梯是他们来往路上最愉快的一站，他们不想这里有任何改变。

143

只有美德是永恒的名声。

——（意大利）彼特拉克

那天，在布鲁斯快下班的时候，每一张照片、每一盆植物、每一样东西都原封不动地回到了电梯间。布鲁斯的电梯间又再次成了他和他的乘客的。

布鲁斯喝干了杯中的啤酒，瞥了一眼手表，"我得回去工作了。"我们一起向电梯站走去。

"有些人说，感谢上帝，终于到了星期五。因为他们迫切地盼着周末。"布鲁斯一边走一边说，"我吗？我则说，感谢您，上帝，终于到了星期一。因为我又可以开始工作了。"

——约翰·西里尔/文

◎【编者小语】

　　人生在世，谁不想获得幸福？然而，求福之人有千千万，幸福之神却不会一一光顾。那么，世间是否存在一条通往幸福的捷径呢？又有多少人通晓这条捷径的要诀呢？在这个问题上，世人争论已久，且各有见地，而古希腊大哲学家亚里士多德这样说："遵照道德准则生活就是幸福的生活。"也就是说，遵守道德的人便是幸福的人，此处正应了当今流行的那句话："有德者便有福。"

　　古今中外论述道德与幸福的文献颇多。亚里士多德认为幸福符合最高的美德。有德者广阔的内心世界充满了智慧和仁爱，他们对人生有一种与众不同的思考和判断。在他们看来，所谓的幸福不是几年内升了几次官，不是银行里又多了几笔存款。真正能让他们感到幸福的，只有一种境界，便是问心无愧。有德者仰不愧于天，俯不愧于地，活得轻松自在。道德是一种力量。"有德便乐"，追求不简单的幸福，方法却简单至极，便是从道德中求幸福。

无论你怎样地愤怒，却不要做出任何无法挽回的事来。

—— （英国）培根

## 第七章

# 德有邻不孤——美德的人格魅力

1935年8月6日，中国共产党的先驱者、闽浙赣革命根据地的创建者、杰出的共产党员、年仅36岁的方志敏，血沃南昌，壮烈牺牲。方志敏以其甘于清贫，不徇私情，把为革命筹集的钱物全部用于革命事业的崇高品德，谱写了许多不朽的篇章。

信江8县苏维埃成立后，有人对方母说："正鹄（方志敏乳名）当主席啦！抵得知府正堂，好大的官哩！屋里有难处，正鹄顾不来，花边（银元）总是有的哟，怎不去讨些来？"老人觉得："他的饷银当姆妈的理当用得"，于是她第一次也是唯一的一次找方志敏要饷银来了。

"志鹄，你当主席，都讲是好大的官，有几多饷银一月？"母亲问。

方志敏何尝不知道家里的困难？仅他的学费，从弋阳县高等小学、江西省立甲种工业学校到九江南伟烈大学，连本带利，父母就欠债达700元之巨！可革命的钱不能用啊，他只得对母亲说："姆妈，我是当主席，可当的是穷人的主席，哪里是官？饷银嘛，将来会发，现在没有。信江苏维埃刚建立，革命才有个起头，我们每日的饭钿才七分呢！"

这位通情达理的老妈妈听了，说："晓得了，晓得了。姆妈这一趟没白来，明白了仔是当穷人的主席，我苦点也舒心啦！"

方志敏从1924年入党到1935年就义，十几年中，历任党的县委书记、特委书记、省委书记、军区司令员、红十军政委、闽浙赣省苏维埃主席（还一度兼任省苏财政部长）、中华苏维埃共和国中央政府主席团委员、党中央委员、红七军团和红十军合编的红军北上抗日先遣队军政委员会主席，真可谓"上马管军，下马管民"，权力大矣！然而，他一生清贫。

他不幸被捕时，两个敌军士兵"从上身摸到下身，从袄领捏到袜底，除了一只时表和一支自来水笔之外，一个铜板都没有搜出。"其家产呢？"去年暑天我穿的几套旧的汗褂裤，与几双缝上底的线袜，已交给我的妻子放在深山坞里保藏着怕国军进攻时，被人抢了去，准备今年暑天拿出来再穿，那些就算是我唯一的财产了。"

方志敏没钱吗？个人没有，但他"经手的款项，总数在数百万元"。在输送老红十军、重建新红十军时，经他批准，一次就给中央苏区送去赤金2箱，每箱500两；白银48箱，每箱400元。

方志敏何以"身价八万"（蒋介石下令悬赏8万大洋捉拿方志敏）、袋无分文，甘愿清贫？我们认为，最根本的是他那坚定的无产阶级世界观。方志敏狱中遗著字里行间，无不处处闪耀着崇高的共产主义理想的光辉。

《方志敏自述》中写道："我对政治上总的意见，也就是共产党所主张的意见。我已认定苏维埃可以救中国，革命必能得最后的胜利，我愿意牺牲一切，贡献于苏维埃和革命。"他在《死！——共产主义的殉道者的记述》中陈言："为着阶级和民族的解放，为着党的事业的成功，我毫不希罕那华丽的大厦，却宁愿居住在卑陋潮湿的茅棚；不希罕美味的西餐大菜，宁愿吞嚼刺口的苞粟和菜根；不希罕舒服柔软的钢丝床，宁愿睡在猪栏狗窠似的住所！……这些都不能丝毫动摇我的决心，相反的，是更加磨炼我的意志！我能舍弃一切，但是不能舍弃党，舍弃阶级，舍弃革命事业。"

我们从方志敏这些身体力行，感人肺腑，激人奋进的狱中遗著里清楚看出，他这种甘于清贫的美德，坚持党和人民的利益高于一切的崇高人生境界，正是源于他那坚定的共产主义信念，坚定的马克思主义信仰和对党的无限忠诚。

◎【品味经典】

## 1. 做焦裕禄式的县委书记
### ——习近平在 2014 年 3 月 18 日
### 河南省兰考县委常委扩大会议上的讲话

　　我们这一代人，是深受焦裕禄同志的事迹教育成长起来的。几十年来，焦裕禄同志的事迹一直在我脑海中，焦裕禄同志的形象一直在我心中。记得一九六六年二月七日，《人民日报》刊登了穆青等同志的长篇通讯《县委书记的榜样——焦裕禄》，我当时上初中一年级，政治课老师在念这篇通讯的过程中几度哽咽，多次泣不成声，同学们也流下眼泪。特别是念到焦裕禄同志肝癌晚期仍坚持工作，用一根棍子顶着肝部，藤椅右边被顶出一个大窟窿时，我受到深深震撼。

　　后来，我当知青、上大学、参军入伍、当干部，我心中一直有焦裕禄同志的形象，见贤思齐，总是把他当作榜样对照自己。焦裕禄同志始终是我的榜样。一九九〇年七月十五日，我任福州市委书记时，以《念奴娇》的词牌填了一首《追思焦裕禄》，发表在《福州晚报》上。李雪健主演的电影《焦裕禄》，我看过不止一遍。我到中央工作后，二零零九年四月到河南调研时专程来过兰考，瞻仰了焦裕禄烈士纪念碑，参观了焦裕禄同志事迹展，看了焦裕禄同志当年栽下的泡桐树，看望了焦裕禄同志亲属，开了一个学习焦裕禄精神座谈会，专门就学习弘扬焦裕禄精神作了一个讲话，提了五个方面的要求。我当时说是如愿以偿。

　　……

　　焦裕禄同志是人民的好公仆，是县委书记的榜样，也是全党的榜样。亲民爱民、艰苦奋斗、科学求实、迎难而上、无私奉献的焦裕禄精神，过去是、现在是、将来仍然是我们党的宝贵精神财富，永远不会过时。生命有限，很多英雄模范

有德则乐，乐则能久。

——《左传》

人物崇高精神的形成过程也是有限的，但形成了一种宝贵精神财富，是一个永恒的定格。焦裕禄精神，同井冈山精神、延安精神、雷锋精神、红旗渠精神等都是共存的。任何一个民族都需要有这样的精神构成其强大精神力量，这样的精神无论时代发展在哪一步都不会过时。

……

焦裕禄同志生活简朴、勤俭办事，总是吃苦在前、享受在后。他的衣、帽、鞋、袜都是拆洗多次，补了又补、缝了又缝。他严守党纪党规，从不利用手中权力为自己和亲属谋取好处。他亲自起草《干部十不准》，对干部廉洁自律作出具体规定。昨天，在焦裕禄同志纪念馆的《干部十不准》展板前，我又仔细看一下，觉得他是真正抓规矩，非常有针对性。所以，我们的规定不要搞得花花绿绿的，措辞很漂亮，但内容空洞。《干部十不准》除了规定"一律不准送戏票"外，还规定"十排以前戏票都不能光卖给机关"，就是说好票要留一些给群众。他无意间听到儿子因认识售票员看戏未买票，便教育儿子不能搞特殊"看白戏"，并立即拿出钱叫儿子到戏院补票。这样的严于律己、洁身自好，生动体现了他对从严治党的自觉。

——摘自《做焦裕禄式的县委书记》，中央文献出版社，
2015 年 8 月第 1 版

## 2. 论善的修养与作用——《荀子》中的人格修养

见善，修然必以自存也；见不善，愀然必以自省也。善在身，介然必以自好也；不善在身，菑然必以自恶也。故非我而当者，吾师也；是我而当者，吾友也；谄谀我者，吾贼也。故君子隆师而亲友，以致恶其贼。好善无厌，受谏而能诫，虽欲无进，得乎哉！小人反是，致乱而恶人之非己也，致不肖而欲人之贤己也，心如虎狼、行如禽兽而又恶人之贼己也。谄谀者亲，谏争者疏，修正为笑，至忠为贼，虽欲无灭亡，得乎哉！《诗》曰："噏噏，亦孔之哀。谋之其臧，则具是违；谋之不臧，则具是依。"此之谓也。

扁善之度，以治气养生则后彭祖；以修身自名则配尧、禹。宜于时通，利以处穷，礼信是也。凡用血气、志意、知虑，由礼则治通，不由礼则勃乱提僈；食饮、衣服、居处、动静，由礼则和节，不由礼则触陷生疾；容貌、态度、进退、趋行，由礼则雅，不由礼则夷固僻违、庸众而野。故人无礼则不生，事无礼则不成，国家无礼则不宁。《诗》曰："礼仪卒度，笑语卒获。"此之谓也。

以善先人者谓之教，以善和人者谓之顺；以不善先人者谓之谄，以不善和人者谓之谀。是是、非非谓之知，非是、是非谓之愚。伤良曰谗，害良曰贼。是谓是，非谓非曰直。窃货曰盗，匿行曰诈，易言曰诞，趣舍无定谓之无常，保利弃义谓之至贼。多闻曰博，少闻曰浅；多见曰闲，少见曰陋。难进曰偍，易忘曰漏。少而理曰治，多而乱曰秏。

## 【译文】

看到善良的行为，一定一丝不苟地拿它来对照自己；看到不好的行为，一定心怀恐惧地拿它来反省自己；善良的品行在自己身上，一定因此而坚定不移地爱好自己；不良的品行在自己身上，一定因此而被害似地痛恨自己。所以指责我而指责得恰当的人，就是我的老师；赞同我而赞同得恰当的人，就是我

高雅的品位，崇高的道德标准，向社会大众负责及不施压力威胁的态度——这些事让你终有所获。

—— （美国）李奥贝纳

的朋友；阿谀奉承我的人，就是害我的贼人。君子尊崇老师、亲近朋友，而极端憎恨那些贼人；爱好善良的品行永不满足，受到劝告就能警惕，那么即使不想进步，可能吗？小人则与此相反，自己极其昏乱，却还憎恨别人对自己的责备；自己极其无能，却要别人说自己贤能；自己的心地像虎、狼，行为像禽兽，却又恨别人指出其罪恶；对阿谀奉承自己的就亲近，对规劝自己改正错误的就疏远，把善良正直的话当作对自己的讥笑，把极端忠诚的行为看成是对自己的戕害，这样的人即使想不灭亡，可能吗？《诗》云："乱加吸取乱诋毁，实在令人很可悲。谋划本来很完美，偏偏把它都违背；谋划本来并不好，反而拿来都依照。"就是说的这种小人。

使人无往而不善的是以礼为法度，用以调气养生，就能使自己的寿命仅次于彭祖；用以修身自强，就能使自己的名声和尧、禹相媲美。礼义才真正是既适宜于显达时立身处世，又有利于穷困中立身处世。大凡在动用感情、意志、思虑的时候，遵循礼义就和顺通达，不遵循礼义就颠倒错乱、懈怠散慢；在吃喝、穿衣、居住、活动或休息的时候，遵循礼义就谐调适当，不遵循礼义就会触犯禁忌而生病；在容貌、态度、进退、行走方面，遵循礼义就显得文雅，不遵循礼义就显得鄙陋邪僻、庸俗粗野。所以人没有礼义就不能生存，事情没有礼义就不能办成，国家没有礼义就不得安宁。《诗》云："礼仪全都合法度，说笑就都合时务。"说的就是这种情况。

用善良的言行来引导别人的叫做教导，用善良的言行来附和别人的叫做顺应；用不良的言行来引导别人的叫做谄媚，用不良的言行来附和别人的叫做阿谀。以是为是、以非为非的叫做明智，以是为非、以非为是的叫做愚蠢。中伤贤良叫做谗毁，陷害贤良叫做残害。对的就说对、错的就说错叫做正直。偷窃财物叫做盗窃，隐瞒自己的行为叫做欺诈，轻易乱说叫做荒诞，进取或退止没有个定规叫做反复无常，为了保住利益而背信弃义的叫做大贼。听到的东西多叫做渊博，听到的东西少叫做浅薄。见到的东西多叫做开阔，见到的东西少叫做鄙陋。难以进展叫做迟缓，容易忘记叫做遗漏。措施简少而有条理叫做政治清明，措施繁多而混乱叫做昏乱不明。

——节选自《荀子·修身篇第二》

## 3. 美德和罪恶——亚当·斯密谈情感的品质

人的品质，同艺术的创造或国民政府的机构一样，既可以用来促进也可以用来妨碍个人和社会的幸福。谨慎、公正、积极、坚定和朴素的品质，都给这个人自己和每一个同他有关的人展示了幸福美满的前景；相反，鲁莽、蛮横、懒散、柔弱和贪恋酒色的品质，则预示着这个人的毁灭以及所有同他共事的人的不幸。前者的心灵起码具有所有那些属于为了达到最令人愉快的目的而创造出来的最完美的机器的美；后者的心灵起码具有所有那些最粗劣和最笨拙的装置的缺陷。哪一种政府机构能像智慧和美德的普及那样有助于促进人类的幸福呢？所有的政府只是某种对缺少智慧和美德的不完美的补救。因此，尽管美因其效用而可能属于国民政府，但它必然在更大程度上属于智慧和美德。相反，哪一种国内政策能够具有像人的罪恶那样大的毁灭性和破坏性呢？拙劣的政府的悲惨结果只是由于它不足以防止人类的邪恶所引起的危害。

各种品质似乎从它们的益处或不便之处得到的美和丑，往往以某种方式来打动那些用抽象的和哲学的眼光来考虑人类行动和行为的人。当一个哲学家考察为什么人道为人所赞同而残酷则遭到谴责时，对他来说并不总是以一种非常明确和清楚的方式来形成任何一种有关人道和残酷的特别行为的看法，而通常是满足于这些品质的一般名称向他提示的那种模糊和不确定的思想。但是，只是在特殊情况下，行为的合宜或不合宜，行为的优点或缺点，是十分明显而可以辨别。只有当特殊的事例被确定时，我们才清楚地察觉到自己和行为者的感情之间的一致或不一致，或者在前一场合感觉到对行为者产生的一种共同的感激，或者在后一场合感觉到对行为者产生的一种共同的愤恨。当我们用某种抽象和一般的方式来考虑美德和罪恶时，由其激起那些不同的情感的品质，似乎大部分已消失不见，这些情感本身变得比较不明确和不清楚了。相反，美德所产生的使人幸福的结果，和罪恶所造成的带来灾难的后果，那时似乎都浮现在我们眼前，并且好像比上述两者所具有的其他各种品质更为突出和醒目。

——摘自亚当·斯密《道德情操论》，上海三联文化，2011 年 1 月第 1 版

> 夫君子之行，静以修身，俭以养德。非淡泊无以明志，非宁静无以致远。
>
> —— （三国）诸葛亮《诫子书》

## ◎【故事里的事】

### 1. 肖楚女：为信仰奋斗，为真理献身

1964 年初夏，毛泽东同志在一次关于教育的谈话中，曾回忆起当年广州农民运动讲习所的教员、共产党员肖楚女，毛泽东深情地说："我是很喜欢他的，农民运动讲习所的教书，主要靠他。"

肖楚女 1893 年出生于湖北汉阳鹦鹉洲的一个贫困家庭。青少年时期，肖楚女勤奋好学，博览群书，坚持自学了当时中学的理科课程，当他到武汉中华大学旁听讲课时，结识了恽代英等青年运动领袖，1922 年夏天，肖楚女由恽代英、林育南介绍参加了中国共产党，立志献身无产阶级革命事业。

此后，肖楚女根据党的指示，先后到四川泸州、重庆、万县等多所中学和师范学校任教，在教学活动中传播革命思想，深受学生敬爱。

肖楚女没有上过正规大学，但博学多才，他马列主义水平很高，是中国共产党早期革命刊物的创办者。他曾在四川兼任《新蜀报》的主笔，宣传马克思主义，揭露军阀的黑暗统治和帝国主义的残酷掠夺。他曾在上海协助恽代英编辑《中国青年》，号召青年学习马克思主义，积极投身革命斗争。他曾赴河南协助中共豫陕区委书记王若飞工作，主编党的机关报《中州评论》。他也曾在大革命时期的广州，协助毛泽东编辑过《政治周报》。他的文章笔锋犀利，战斗性很强，在社会各界影响很大。

1924 年至 1925 年，肖楚女与反对马克思列宁主义关于阶级和阶级斗争学说的戴季陶主义和国家主义派作了坚决斗争。他在《中国青年》杂志发表了一系列文章，到一些大学演讲，并奋笔疾书，出版了《国民革命与中国共产党》和《显微镜下之醒狮派》等专著，无情地批驳了国家主义派和戴季陶主义宣扬的阶级调和及阶级斗争熄灭论，捍卫了马克思主义的真理。

1926 年 5 月，毛泽东在广州举办第六届农民运动讲习所，肖楚女任专职教员。他负责讲授的《帝国主义》、《中国民族革命运动史》和《社会问题与社会主义》三门课没有现成的讲义，肖楚女就自己动手编写出了三本教材，受到毛泽东的高度赞扬。农讲所结束后，肖楚女于 11 月间到黄埔军校任政治教官，参加指导全校的政治工作，是黄埔最受欢迎的政治教官之一。

1927 年春，蒋介石向革命者举起了屠刀，在各地制造反革命惨案，肖楚女夜以继日地撰文揭露反动派的罪恶。因过度劳累，肺病恶化，住进广州东山医院治疗。4 月 15 日，肖楚女被反动军警从病房强行拖走关进监狱。7 天后，蒋介石便电令将年仅 34 岁的肖楚女秘密处决。

肖楚女生前在农讲所和黄埔军校，经常形象地自喻是以宁愿毁灭自己来照亮别人的"蜡烛"，启发学生在有限的一生中发出光与热，给人以光明与温暖。肖楚女牺牲已经 70 多年了，但他倡导的"蜡烛精神"至今仍然在激励着一代又一代的共产党人。

——佚名／文

## 2. 樊锦诗："敦煌女儿"的家国情怀

"感动、自豪、骄傲；激励、鼓舞、振奋！向樊锦诗院长致敬！""莫高人的荣耀，也是文博界的荣耀。"……

樊锦诗，是全国唯一一位"文物保护杰出贡献者"。

1938 年出生的樊锦诗，今年已是 81 岁高龄了，可因为敦煌，她从未有停歇的意思。1962 年，24 岁的她，从北京大学毕业第一次来莫高窟实习的时候，虽说对大西北艰苦的环境有一定的心理准备，但水土不服的无奈、上蹿下跳的老鼠，让樊锦诗仍心有余悸。到处都是土，连水都是苦的，实习期没满，樊锦诗就生病提前返校了，也没想着再回来。或许是命中注定的缘分。没想到，一年后樊锦诗又被分配到敦煌文物研究所。那个时代报效祖国、服从分配、到最

人应该装饰的是心灵，不是肉体。

——（苏联）高尔基

艰苦的地方去的主流价值观影响着樊锦诗，她依然选择了敦煌。

"可能是命中注定吧。待得越久，越觉得莫高窟了不起，是非凡的宝藏。"此后的 50 余年，樊锦诗像扎了根，彻彻底底成了敦煌人。

"能守护敦煌，我太知足了。"樊锦诗说。

樊锦诗潜心于石窟考古研究工作。她运用考古类型学的方法，完成了敦煌莫高窟北朝、隋及唐代前期的分期断代，成为学术界公认的敦煌石窟分期排年成果。由她具体主持编写的 26 卷大型丛书《敦煌石窟全集》成为百年敦煌石窟研究的集中展示。

1998 年，担任敦煌研究院第三任院长。如何让这些千年艺术瑰宝"活"得更久，尤其是在自然环境破坏、洞窟本体老化与游客蜂拥而至的三重威胁下。当樊锦诗知道通过数字化技术可永久保留的时候，对电脑并不在行的她，慢慢有了一个大胆的构想——为每一个洞窟、每一幅壁画、每一尊彩塑建立数字档案，利用数字技术让莫高窟"容颜永驻"。樊锦诗立即向甘肃省、国家文物局、科技部提出要进行数字化工程。实施过程并非轻而易举，更非一帆风顺。首先，信息采集量极大，仅实现一个 300 平方米壁画的洞窟数字化，就得拍摄 4 万余幅照片，还需要繁复拼接。而莫高窟的壁画总面积多达 4.5 万平方米。这还是其次，另一方面，樊锦诗和敦煌研究院还要面对各种质疑与责难，有人说她"死守洞窟，反对旅游，有钱不会赚"。

"我不反对旅游，但前提是要保护好。"樊锦诗说，皮之不存，毛将焉附？我们得感谢、敬畏老祖宗给我们留下了这么多优秀的文化遗产。敦煌研究院也一直强调，要坚持做"负责任"的文化旅游，就是"一边向文化遗产负责，一边向游客负责"。敦煌研究院也一直在想尽办法，让游客在莫高窟看好、看舒服，但绝对不会放弃保护。

2014 年 8 月，历时 4 年建成的莫高窟数字展示中心开门迎客，"总量控制、在线预约、网络支付、前端观影、后端看窟"的旅游开放新模式开始实施。

此举，不仅彻底改变了莫高窟自 1979 年开放以来实行了 35 年的参观流程、参观模式以及参观体验，将莫高窟游客最大日承载量由之前的 3000 人次提升至 6000 人次，还首次将现代球幕技术与洞窟壁画保护完美结合，开启了洞窟文化保护利用的全新模式，也成为目前为止解决莫高窟保护与利用矛盾的最佳选择。

2016 年 4 月，"数字敦煌"上线，首次通过互联网向全球发布敦煌石窟 30 个经典洞窟的高清数字化图像及全景漫游，让千年莫高窟脚踩数字与科技的"风火轮"，从地处西北的"神坛庙堂"瞬间走向海内外大千世界。

樊锦诗说，我愿与我的前辈、同仁们一样，与这一眼千年的美"厮守"下去。

——摘自《甘肃日报》，2019 年 10 月 3 日

## 3. 再有一次机会，我还选择上雷场

"你退后，让我来！"——杜富国

2018 年 10 月 11 日，云南边境，在处置一枚少部分露于地表的加重手榴弹时，陆军某扫雷排爆大队战士杜富国对同组作业的战友说"你退后，让我来"，独自上前排弹。没想到，排弹时突遇爆炸，杜富国用身体挡住弹片，保护了战友，自己却身受重伤。

"你退后，让我来！"生死关头，杜富国把生的希望让给战友，把危险留给自己。危急关头，杜富国用"惊天一挡"的英雄壮举，书写了新时代红色传人的铁血荣光。

8 年多的军旅生涯，杜富国面临 3 次重要的人生选择，每次他都选择了生死雷场。第一次，入伍来到驻云南某边防团的他，主动选择进入扫雷队。第二次，来到扫雷队后，队长发现他炊事技能不错，觉得炊事员岗位更适合他，但他坚持到扫雷一线。第三次，排雷遇险，他选择了让战友退后，自己独自上前。

曾有人问杜富国："你后悔去扫雷吗？"杜富国摇摇头，答道："如果再有一次机会，我还选择上雷场！"

扫雷队有个传统，新同志第一次进雷场，必须由党员干部在前面带着。他们挂在嘴边的一句话就是"跟着我的脚印走"。大队长这样教会了中队长，中队长

一个人最伤心的事情无过于良心的死灭。

——郭沫若

教会了班长，班长又教会了战士……队里发展第一批党员时，有人问杜富国入党究竟为什么，杜富国诚恳地说："我入了党，就有资格走在前面挑担子，带头干！"

如愿获得"走在前面特权"的杜富国，正是用"让我来"的行动践行他的入党初心！2015 年 6 月，杜富国得知要组建扫雷大队的消息后，第一时间递交申请，主动请缨，征战雷场。为了掌握扫雷知识，他加班加点背记，书上满是圈圈写写，考核成绩从 32 分到 70 分，再到 90 分，甚至有时候考满分。将他的分数按时间轴连成线，就是一个士兵的成长曲线图。经过刻苦扎实训练，杜富国熟练掌握 10 余种地雷的排除方法，临战训练考核课目被评为全优，是全队公认的"排雷尖兵"。他经常第一个进雷场、第一个设置炸药、第一个引爆，成为扫雷队排雷最多的人之一。在马嘿雷场，面对一枚 59 式反坦克地雷，杜富国抢先上前，成功排除全队首枚反坦克地雷；在天保口岸雷场，杜富国发现一枚引信朝下的 120 火箭全备弹，他让战友撤离，独自排雷……

如今，杜富国用脚步丈量过的雷场里，乡亲们种的玉米草果开始收获。猛硐乡在杜富国负伤的雷场，规划开垦"富国茶园"，乡长含泪请记者转告杜富国："富国，你是我们最大的牵挂，这里的山山水水，永远记得你！"

——摘自《中国国防报》2019 年 7 月 3 日

## 4. 一句用 21 年兑付的承诺

1980 年，广西壮族自治区 28 岁的村民李异宏当起了芒编收购人，就是从老板手里领取材料发给村民编织工艺品，再收集成品交回。老板给的加工费为每件五角，他从中可得三分。

1989 年冬季的一天，李异宏去附近的金星脚屯找老板结算加工费时，却被对方以出售芒编亏本为由赶了出来。"当时，我求他们给 300 元回去过年，对方都不肯。"李异宏至今仍清晰地记得他被 16 个人轰出门外的场景。

空手而归的李异宏还没来得及擦干眼泪，就被蜂拥而至索要加工费的村民团团围住了。在一片指责声中，他欠下 400 余村民的加工费总计 28757 元。

面对等钱过年的村民，李异宏内心深感不安。他能做的只有挨家挨户上门解释，一遍遍拍着胸脯许下同样的话："你放心，只要我还有一口气，这钱我一定还。"

在 20 世纪 80 年代的农村，两万余元绝对是一笔巨款，筹集这样一笔巨款，谈何容易！匆匆将家里仅有的一点儿钱还给加工芒编的老人后，一贫如洗的李异宏思虑再三，选择了最为艰苦的还债之路——打柴。

很多人可能会有疑问：李异宏完全有比打柴更广的谋财之路，他为什么非要打柴挣钱来还债呢？"这也是没有办法的选择。"他也曾想过外出务工来还债，"可我一走，债主们就会担心，以为我躲债去了。"为了让他们放心，李异宏只好打消了这个念头。

那条砍柴小道，李异宏一走就是 21 年。

长期的重体力劳动摧残着李异宏的身体，他的胃和腿都渐渐落下了毛病。近几年来，每次砍柴回来，他的腿脚都钻心般地疼。妻子杨德清帮他捶腿时，眼泪总止不住地往下流。每当这时，李异宏便忍着疼安慰妻子："不要紧，苦日子总会过去，将来一定会好起来的。""将来一定会好起来的"，21 年来，正是这股信念激励着李异宏。靠着玩命打柴，他在还债的同时，还在努力支撑着一家四口人的清贫生活。没错，李异宏家的生活只能用"清贫"来形容了：他们一家居住在仅有的两间破房里，一日三餐几乎都以青菜稀粥度日。

看到李异宏为还债如此受罪，善良的村民们一次次忍不住流下了热泪。后来在他还钱时，有人表示"算了"，也有人表示只要整数不收零头，但李异宏却坚决不让，一定要一分一角还得清清楚楚。他说："只有这样，我才心安。"

一年前，李异宏终于养出六十多只鸭子，卖了后他赶紧拿钱还给隔壁岭头屯的梁家珍等五位村民。2010 年 2 月 23 日，李异宏将 800 元交到妹妹李惠娟手里。那一刻，他突然感到前所未有的轻松——还完这笔钱，他就基本没压力了。"以前欠债时，笑都笑不出来"的李异宏，脸上总算绽放出了久违的笑容。如今，李异宏仍打柴不止，他打算凑齐 1200 元还给弟弟李异先——尽管弟弟已多次说过，这笔医药费不用哥哥还了。

我是主人，是广大劳苦大众当中的一员，我能帮助人民克服一点困难，是最幸福的。

——雷锋

李异宏28757元的巨额债务已基本还清,他21年的还债路也总算走到了尽头。

李异宏21年坚持还债的举动打动了顿谷镇的许多人。在村民眼里,至今仍一贫如洗的李异宏有着强大的人格力量,他的精神生活之富足让人只有景仰的份儿。

俗话说:一诺千金。对李异宏来说,他的一句承诺"价值"28757元。还这笔债,用了他一家人21年的汗水、泪水和生命光阴。这个普通的农民用他的行动告诉我们,什么才是真正的"一诺千金"。

——摘自《意林》,2011年03期

## 5. 立于生活底线的人格

见到柴圣恩时,他依然一脸平静,乱蓬蓬的头发,小小的眼睛,明净的额头,并没有因为成为名人而喜不自禁;走近了,发现他抓着三轮车车把手的双手,一圈圈的指纹里,还满是黑黑的油污,长长的指甲,明显好久没有修剪的样子……很难想象,这是一个21岁靠骑三轮车过生活的小伙子。

柴圣恩在装饰城为客户送货打工,一个月挣700元的工资。一个月前,一个很平常的寒冷的早上,当他在新世纪装饰城将一车的厨房和卫浴用品装上车以后,便蹬上车,用力地把三轮车骑向食品城的雇主家里。刚出装饰城的大门,他在转弯时被什么东西颠了一下,车身摇晃了几下,他差点摔下来。为了查看车上的物品,他下车检查。原来,车轮后有一只大大的黑色塑料袋,明显有着被车轮辗压过的痕迹。带着好奇,他走近看个究竟,那被碾破的黑色塑料袋里面,露出花一样的成沓百元大钞。拿起数数,竟有12万元之多。

没有犹豫,柴圣恩立刻把钱送到附近的派出所,待警察登记结束,才把货物送到食品城的雇主家里。当他搬完物品,收拾好绳索和垫布正准备离开时,两个警察带着一个提着一只皮包的男子迎了上来。那男子与警察低耳几句,然后迅速上前，一把抓住柴圣恩不放，口中"恩人"喊个不停，然后，从包里抽出一沓钱，硬是往他口袋里塞。

原来，他就是那个粗心的失主。早上，他从家里拿钱准备汇出进货，把钱装在一只黑色塑料袋里，然后放在电动车前面的脚踏板上。路上，他一时不注意，结果到银行才发现钱丢了，一路找回来，正遇到派出所前来勘察的警察。

柴圣恩拒绝了失主的一番好意，然后蹬车消失在人流里。第二天，他的照片配上文字，出现在当地报纸的头版。

后来，各路记者都忙着找他。面对记者"捡到巨款有没有心动"的提问时，憨厚的小柴显得很腼腆，红着脸说："不需要，我虽然工资不高，但老板对我很不错，我觉得，还是靠自己的力气挣钱比较踏实。"

"老板对我不错""还是靠自己的力气挣钱比较踏实"，这两句话，构成了小柴拒绝诱惑的人格底线。生活中，很多人也曾为自己划下一道道人生的底线，只是在奋斗过程中，不时地修改底线，结果把底线变成了深渊，最终迷失了自己。相反，一个依靠自己的人，一个把生活底线定得很低的人，自会守住内心的宁静，像小柴一样，赢得人们的尊敬。

——柳三变 / 文

## 6. 人格是最高的学位

很多年前，有一位学大提琴的年轻人去向当时世纪最伟大的大提琴家卡萨尔斯讨教：我怎样才能成为一名优秀的大提琴家？卡萨尔斯面对雄心勃勃的年轻人，意味深长地回答：先成为优秀而大写的人，然后成为一名优秀而大写的音乐人，再然后就会成为一名优秀的大提琴家。

在采访北大教授季羡林的时候，我听到一个关于他的真实故事。有一年秋天，北大新学期开学，一个外地来的学子背着大包小包走进了校园，实在太累了，就把包放在路边。这时正好一位老人走来，年轻学子就拜托老人替自己

遵照道德准则生活就是幸福的生活。

—— （古希腊）亚里士多德

看一下包，自己则轻装去办理手续。老人爽快地答应了。近一个小时过去，学子归来，老人还在尽职尽责地看守着。学子谢过老人，两人分别。几日后北大举行开学典礼，这位年轻的学子惊讶地发现，主席台上就座的北大副校长季羡林，正是那一天替自己看行李的老人。

我不知道这位学子当时是一种怎样的心情，但我听过这个故事之后却强烈地感觉到：人格才是最高的学位。后来，我又在医院采访了世纪老人冰心。我问她：您现在最关心的是什么？老人的回答简单而感人：是老年病人的状况。

当时的冰心已接近自己人生的终点，而这位在"五四运动"中走上文学之路的老人，对芸芸众生的关爱之情历经 80 年的岁月而仍然未老。这又该是怎样的一种传统！

冰心的身躯并不强壮，然而她这一生却用自己当笔，拿岁月当稿纸，写下了一篇关于爱是一种力量的文章，在离去之后给我们留下了一个伟大的背影。

当你有机会和经过"五四"或受过"五四"影响的老人接触，你就知道，历史和传统其实一直离我们很近。这些世纪老人身上所独具的人格魅力是不是也该作为一种传统被我们延续下去呢？

不久前，我在北大又听到一个有关季先生的清新而感人的新故事。一批刚刚走进校园的年轻人，相约去看季羡林先生，走到门口，却开始犹豫，他们怕冒失地打扰了先生，最后决定每人用竹子在季老家门口的地上留下问候的话语，然后才满意地离去。

这该是怎样美丽的一幅画面！在季老家不远，是北大的博雅塔在未名湖中留下的投影，而在季老家门口的问候语中，是不是也有先生的人格魅力在学子心中留下的投影呢？

听多了这样的故事，便常常觉得自己像只气球，仿佛飞得很高，仔细一看却是被浮云托着；外表看上去也还饱满，但肚子里却是空空。这样想着就不免有些担心：这样怎么能走更长的路呢？于是，"渴望老年"四个字，对于我就不再是幻想中的白发苍苍或身份证上改成 60 岁，而是如何在自己还年轻的时候，能吸取优秀老人身上所具有的种种优秀品质。于是，我也更加知道了卡萨尔斯回答中所具有的深义。怎样才能成为一个优秀的主持人呢？心中有个声音在回答：先成为一个优秀的人，然后成为一个优秀的新闻人，再然后就会成为一名优秀的节目主持人。

——佚名／文

## 7. 坚韧造就的传奇

有这么一个人。在他 19 岁那年，一次滑雪，他与朋友做游戏，要从朋友张开的双腿间滑过去，结果却撞在了朋友的身体上，折断了脖子，导致颈以下全身瘫痪。自此以后，这个高大英俊的青年变成了一个只能摇头的残疾者，终生依靠轮椅生活。

再说第二个人，他会驾驶汽车，会开轮船，并且还成了飞行员。能自由驾驶飞机在空中翱翔。当他 33 岁的时候，竞选温哥华市议员，成功了。在连续做了 12 年市议员后，他又被温哥华市民推上了市长的宝座。

还有第三个人，他是工商管理硕士，是多个非营利助残团体的创建人，是多种助残设备的发明人，还是加拿大勋章获得者，他热心社会公益事业，走到哪里都能受到众人的欢迎。

以上这三个人怎么样？单说某一个人也没什么，可是如果说这三个人其实就是一个人，那就很富传奇色彩了。事实上，他们原本就是同一个人——加拿大的萨姆·苏利文，一个不折不扣的奇人。

苏利文是如何由一个重症残疾人变成一个奇人的呢？

在折断脖子后的几年里，待在家里的苏利文陷入了选择生还是死的挣扎中。他把受伤前打工赚的钱都取了出来，买了辆专门为残疾人设计的汽车。为了不让父母太伤心，他设计了开车坠崖这种自杀方式，所幸的是，他的几次"坠崖练车"都没有成功。此后，要强的苏利文不忍再拖累两位老人，便坚持离开了家，搬到了一个半公益半营利性的公寓。

一天晚上，苏利文又一次独自在房间中品味绝望的痛苦。他盯着空白的四

阴谋陷害别人的人，自己会首先遭到不幸。

——（古希腊）伊索

壁，感觉自己的生命就像它们一样空虚。他坐着轮椅来到户外，看到远处的城区正掩映在落日的余晖中。他想那里有沸腾的生命活力，人们正在摇动着生活风帆向前航行。此刻，苏利文忽然想到自己的大脑很好用，也能够独立吃饭穿衣，甚至还能微笑。苏利文决心要成为他们中的一员，"我也要做一个完整的人，我要工作。"苏利文此时对自己说道，"受伤前我有十亿个机会，而现在我还有五亿个。"从那一刻起，一个新的萨姆·苏利文诞生了。

从那以后，苏利文广泛涉猎知识，勇于挑战生活。他不但学会了驾驶飞机，而且还教会了另外 20 位残疾人飞行。由于温哥华的华人超过三分之一，在加拿大土生土长的苏利文还学会了中国广东话，这在他以后的竞选中收效奇特。苏利文一讲广东话，就会得到华人的掌声和鼓励。市长选举中，华人几乎把选票都投给了苏利文。

是什么神秘的力量将这传奇经历赋予萨姆·苏利文？

答案是不屈不挠地与生活抗争的精神，这是一种坚韧的气质。他曾说过："一个人能走多远取决于他面对挑战时的表现，这与他是否坐轮椅无关。"

——胡莉莉／文

## 8. 宽容的最高境界

二战期间，一支部队在森林中与敌军相遇发生激战，最后两名战士与部队失去了联系。他们之所以在激战中还能互相照顾、彼此不分，因为他们是来自同一个小镇的战友。两人在森林中艰难跋涉，互相鼓励、安慰。

十多天过去了，他们仍未与部队联系上，幸运的是，他们打死了一只鹿，依靠鹿肉又可以艰难度过几日了。可也许因战争的缘故，动物四散奔逃或被杀光，这以后他们再也没看到任何动物。仅剩下的一些鹿肉，背在年轻战士的身上。

这一天他们在森林中遇到了敌人，经过再一次激战，两人巧妙地避开了敌人。就在他们自以为已安全时，只听到一声枪响，走在前面的年轻战士中了一枪，幸亏在肩膀上。后面的战友惶恐地跑了过来，他害怕得语无伦次，抱起战友的身体泪流不止，赶忙把自己的衬衣撕下包扎战友的伤口。

晚上，未受伤的战士一直叨念着母亲，两眼直勾勾的。他们都以为自己的生命即将结束，身边的鹿肉谁也没动。

天知道，他们怎么过的那一夜。第二天，部队救出了他们。

事隔 30 年后，那位受伤的战士安德森说：“我知道谁开的那一枪，他就是我的战友。他去年去世了。在他抱住我时，我碰到他发热的枪管，但当晚我就宽恕了他。我知道他想独吞我身上带的鹿肉活下来，但我也知道他活下来是为了他的母亲。此后 30 年，我装着根本不知道此事，也从不提及。他母亲去世时，我和他一起祭奠了老人家。他跪下来，请求我原谅他，我没让他说下去。我们又做了二十几年的朋友，我没有理由不宽恕他。”

放下即宽容。一个人能容忍别人的固执己见、自以为是、傲慢无礼、狂妄无知，却很难容忍对自己的恶意诽谤和致命的伤害，但惟有以德报怨，把伤害留给自己，让世界少一些不幸，回归温馨、仁慈、友善与祥和，才是宽容的至高境界。

——佚名／文

## 9. 毕加索真正的朋友

西班牙著名画家毕加索是一位真正的天才画家。据统计，他一生共画了 37000 多幅画，是当代西方最有创造性和影响的艺术家，他和他的画在世界艺术史上占据了不朽的地位。

一次，他在一张邮票上顺手画了几笔，然后丢进废纸篓里。这张邮票后来被一个拾荒的老妇捡到，她将这张邮票卖掉后，买了一幢别墅，从此过上了幸福的生活。从中可以看出，毕加索的画，每一笔、每一涂，泼洒的都是金子啊。

晚年的毕加索，生活非常孤独。尽管他的身边不乏亲朋好友，但是，他

最有道德的人，是那些有道德却不须由外表表现出来而仍感满足的人。

——（古希腊）柏拉图

165

很清楚，那些人都是冲着他的画来的。为了那些画，亲人争吵不断，甚至大打出手。毕加索感到很苦恼，他想找一个说说话、唠唠嗑的人也没有。尽管他很有钱，但是，钱不能买来亲情和友情。

考虑到自己已年逾90岁，随时就要离开人世，为了保护自己作品的完整性，毕加索请来了一个安装工，给自己的门窗安装防盗网。就这样，安装工盖内克出现在毕加索的生活中。

盖内克每天在工作休息的时候，就会陪毕加索唠嗑。他觉得老人很慈祥很温厚，就像是自己的祖父。

没想到，没有多少文化的盖内克，和他随意地唠唠嗑，在毕加索眼里，却是一种智慧的化身。

毕加索看着眼前的盖内克，就像是一尊雕塑，有一种令他眩晕的美。他情不自禁地拿起画笔，顺手为盖内克画了一幅肖像。画画好后，他把画递给盖内克说，朋友，我为你画了一幅画，把它收藏好，也许将来你会用得着。

盖内克接过画看了看，他一点也看不懂上面的画，就又递给毕加索，说道，这画我不想要，您要送，就将您家厨房里那把大扳手送给我吧，我觉得那扳手对我来说更重要。

毕加索不可思议地说道，朋友，这幅画不知能换回多少把你需要的那种扳手。盖内克将信将疑地收起那幅画，可心里还想着毕加索家厨房里的那把扳手。

盖内克的到来，一扫往日淤积在毕加索内心的苦闷，他找到了倾诉的对象。在盖内克面前，毕加索彻底地放下了包袱，丢掉了那层包裹在身上的虚伪的面纱，他像个孩子一样与盖内克天南海北地交谈。为了能与盖内克唠嗑，毕加索将工期一再推迟，只要能与盖内克在一起说说笑笑，就是自己最大的快乐。

其间，毕加索又陆续地送给盖内克许多画，他对盖内克说，虽然你不懂得画，但是你是最应该得到这些画的人，拿去吧，我的朋友，希望今后能改变你的生活。

就这样，盖内克在毕加索家安防盗门窗，一个小小的工程，前前后后竟干了快两年。更多的时间，他陪着毕加索唠嗑。不曾想，唠嗑，使90高龄的毕加索精神变得矍铄起来，气色也好多了。那些日子，毕加索又创作出更多的绘画，成为毕加索创作的又一个高峰期。

分别的日子终于到了，盖内克离开了毕加索，他又四处寻活去了。

1973 年 4 月 8 日，93 岁的毕加索无疾而终。毕加索逝世后，他的画作价格更是扶摇直上，成为当今世界上最昂贵的画作之一。

还在四处觅活，日子过得非常艰难的安装工盖内克得知毕加索逝世的消息后，悲痛万分。他忽然想起毕加索曾经赠送给他的那些画，于是，他急匆匆地赶回了家。他爬上小阁楼，翻出一个旧皮箱。打开这个小皮箱，把里面的画拿出来，一张一张地清点下去，发现这些画共有 271 张。

盖内克惊呆了，他知道，他只要拿出这里面的任何一张画，就可以彻底改变他目前的生活。看着这一张张画，毕加索的音容笑貌仿佛又在眼前浮现。你才是我真正的朋友！毕加索这句话，在他耳旁一遍遍地响起。他的眼睛不知不觉湿润了。他将这些画又仔细地放到皮箱里，放在阁楼里藏好。

他没有对任何人说起过这些画，包括自己的家人。他拿起工具，像平常一样外出觅活去了。绝对不会有人想到，这个毫不起眼的安装工，竟是一个超级大富翁。

2010 年 12 月，一个石破天惊的新闻震惊法国：年逾古稀的安装工盖内克将毕加索赠送给他的 271 幅画，全部捐给了法国文物部门。经鉴定，这些画作全部是毕加索的真迹，价值达 1 亿多欧元。

人们感到非常困惑和不解，拥有一张毕加索真迹，是人们梦寐以求的事，老人拥有这么多毕加索的画，却坐拥金山不享受，为什么要全部捐出来呢？如果留给子女，子女们会几辈子吃喝不愁了。

盖内克在回答记者提问时，说道，毕加索曾对我说过，你才是我真正的朋友。是朋友，我不能占有，我只能保管。现在，我把这些画捐出来，就是为了得到更好的保管。

老人盖内克的目光中闪烁着一种令人心悸的淡定和平和，这种淡定和平和，给人一种无畏和力量，它能抵御尘世间的一切风浪和险阻，活出一个真实的人生。

——佚名 / 文

我愿证明，凡是行为善良与高尚的人，定能因之而担当患难。

——（德国）贝多芬

## ◎【编者小语】

从以上故事中我们不难发现一个道理：那些面对挫折甚至是灾难，面对人性的自私、贪婪、怯懦等劣根性而始终昂起头颅、挺起腰板的人，无论他们的社会地位、外在条件如何，他们都拥有一颗最朴实的心、最高尚的灵魂。他们用自己的努力、笑容、汗水与命运抗争，用宽容、诚信、爱心去温暖他人，所以他们始终能赢得大家发自肺腑的尊重和感动。这就是高尚人格的力量！

培根曾经说过，"美德有如名香，经燃烧或压榨而其香愈烈，盖幸运最能显露恶德而厄运最能显露美德也。"古人亦云："修身、齐家、治国、平天下。"作为13亿多人口之中的一员，为什么有些人举手投足之间都能给人一种很舒服的感觉甚至成为他人的榜样，而有些人则恰恰相反、甚至过街老鼠人人喊打呢？这里面就体现了一个人的品德修养的重要性。有时，优雅和礼貌并不完全是做给别人看的，其实从内心深处，我们每一个人都乐于欣赏这样的美。具有高尚人格的人，即使没有获得大的成就，但仍旧可以赢得普遍的尊重，在普通人中脱颖而出，这就是所谓的人格魅力。人格魅力是指人在性格、气质、能力、道德品质等方面具有卓尔不群的吸引力。老祖宗将"修身"列为其他一切德行的基础，也充分证明了好的德行是家庭、国家、社会和谐进步的基础，所以只有每一个人注重培养良好的品格，才能赢得社会的长足发展。

第八章

## 术业有专德——职业与道德

对于大部分人来说，职业就是第二生命。

对待职业，就要像呵护自己的生命，而职业之灵魂就是职业道德，所谓术业有专攻，不同的职业有不同的工作内容，也就有不同的职业要求和职业操守。然而在实际生活中，职业操守败坏，职业道德沦丧的现象屡见不鲜。奶粉制造商使用危险物质"三聚氰胺"来提高牛奶蛋白质含量，医生对待病人生命健康如儿戏。在普通人的生活中，背信弃义之举更是普遍，对于大多数人来说，在金钱和道德之间做出选择，并不是一件困难的事情，很多人甚至觉得这种选择并不关乎良心，与道德无关，我们可以轻而易举的抛弃道德，投入金钱的怀抱。

这样说并不是否定金钱，而是当金钱在不当地发挥作用的时候，我们是否有勇气、有立场，是否敢于坚持自己的立场，哪怕面对千难万险，是否敢于把职业操守和社会公德作为处世为人的基本信条？恐怕多数人不敢拍着胸脯回答说"是"。而有的人却可以，他们看上去似乎微不足道，但却做着符合基本人伦道德，职业操守的事情。2011年，一部名为《郑棒棒的故事》的广告片让无数人潜然愧疚，钦佩感怀。

2011年初，以挑担为生的"棒棒"郑定祥，在重庆万州城里帮人挑了两大包货物。结果,挑货途中,货主不幸走失了,遗落两袋价值万元的羽绒服货物。

当时，郑定祥正面临巨大的困境：妻子病发住院，急需用钱。但面对这笔意外之财，郑定祥丝毫没有动心。他全心全意的守护着这批货物，甚至睡觉也不离开货物。严寒天里，他顶着感冒，发着高烧，冒着雪雨日夜苦寻货主，向同行们四处打听货主的下落。为了寻找货主，郑定祥不得不暂停工作，因此也没有收入，妻子生病住院，他只能连夜赶赴老家借钱，陪妻子做完手术后，又立即返回万州寻找货主……经过14天的不懈努力，终于找到货主，将两大袋货物完整无损地交还给货主，直到交货的那一刻，压在郑定祥心中的大石头才终于落下。

这本来只是一个平凡故事，但却在网络上引起了巨大反响。3分钟的短片，上网开播后短短几天，点击量已超30万。在微博、各大论坛上，网友纷纷转载，争相留言。郑定祥的行为让许多人留下了感动的泪水，让他们感受到在这样一个时代，坚守道德良心的平凡意义，让我们在这个道德经受考验的时代，在普通人的职业生活中看到希望，看到最基本的职业道德和职业操守。

《郑棒棒的故事》迅速走红，并不是因为郑棒棒有多么伟大，多么了不起，而只是他做到了我们大多数人没有做到的事情，它讲述的只是一个简单而深重的话题：我们要坚守诚信，坚守职业的操守。如此而已，这是我们每一个普通人都能做到的。

职业道德，离我们很近，但是又离我们很远，距离远近全在乎我们的一颗心。

## ◎【品味经典】

### 1. 纪念白求恩——毛泽东（一九三九年十二月二十一日）

白求恩[1]同志是加拿大共产党员，五十多岁了，为了帮助中国的抗日战争，受加拿大共产党和美国共产党的派遣，不远万里，来到中国。去年春上到延安，后来到五台山工作，不幸以身殉职。一个外国人，毫无利己的动机，把中国人民的解放事业当作他自己的事业，这是什么精神？这是国际主义的精神，这是共产主义的精神，每一个中国共产党员都要学习这种精神。列宁主义认为：资本主义国家的无产阶级要拥护殖民地半殖民地人民的解放斗争，殖民地半殖民地的无产阶级要拥护资本主义国家的无产阶级的解放斗争，世界革命才能胜利[2]。白求恩同志是实践了这一条列宁主义路线的。我们中国共产党员也要实践这一条路线。我们要和一切资本主义国家的无产阶级联合起来，要和日本的、英国的、美国的、德国的、意大利的以及一切资本主义国家的无产阶级联合起来，才能打倒帝国主义，解放我们的民族和人民，解放世界的民族和人民。这就是我们的国际主义，这就是我们用以反对狭隘民族主义和狭隘爱国主义的国际主义。

白求恩同志毫不利己专门利人的精神，表现在他对工作的极端的负责任，对同志对人民的极端的热忱。每个共产党员都要学习他。不少的人对工作不负责任，拈轻怕重，把重担子推给人家，自己挑轻的。一事当前，先替自己打算，然后再替别人打算。出了一点力就觉得了不起，喜欢自吹，生怕人家不知道。对同志对人民不是满腔热忱，而是冷冷清清，漠不关心，麻木不仁。这种人其实不是共产党员，至少不能算一个纯粹的共产党员。从前线回来的人说到白求恩，没有一个不佩服，没有一个不为他的精神所感动。晋察冀边区的军民，凡亲身受过白求恩医生的治疗和亲眼看过白求恩医生的工作的，无不为之感动。每一个共产党员，一定要学习白求恩同志的这种真正共产主义者的精神。

劳动一日，可得一夜的安眠；勤劳一生，可得幸福的长眠。

—— （意大利）达·芬奇

　　白求恩同志是个医生，他以医疗为职业，对技术精益求精；在整个八路军医务系统中，他的医术是很高明的。这对于一班见异思迁的人，对于一班鄙薄技术工作以为不足道、以为无出路的人，也是一个极好的教训。

　　我和白求恩同志只见过一面。后来他给我来过许多信。可是因为忙，仅回过他一封信，还不知他收到没有。对于他的死，我是很悲痛的。现在大家纪念他，可见他的精神感人之深。我们大家要学习他毫无自私自利之心的精神。从这点出发，就可以变为大有利于人民的人。一个人能力有大小，但只要有这点精神，就是一个高尚的人，一个纯粹的人，一个有道德的人，一个脱离了低级趣味的人，一个有益于人民的人。

注释：

　　〔1〕白求恩即诺尔曼·白求恩（一八九〇——一九三九），加拿大共产党党员，著名的医生。一九三六年德意法西斯侵犯西班牙时，他曾经亲赴前线为反法西斯的西班牙人民服务。一九三七年中国的抗日战争爆发，他率领加拿大美国医疗队，于一九三八年初来中国，三月底到达延安，不久赴晋察冀边区，在那里工作了一年多。他的牺牲精神、工作热忱、责任心，均称模范。由于在一次为伤员施行急救手术时受感染，一九三九年十一月十二日在河北省唐县逝世。

　　〔2〕参见列宁《民族和殖民地问题提纲初稿》和《民族和殖民地问题委员会的报告》(《列宁全集》第39卷，人民出版社1986年版，第159—166、229—234页)。

　　　　　　——选自《毛泽东选集》，第二卷，人民出版社，1991年6月第2版

## 2. 未先学医先学德——孙思邈对医德的论述

凡大医治病，必当安神定志，无欲无求，先发大慈恻隐之心，誓愿普救寒灵之苦。若有疾厄来求救者，不得问其贵贱贫富，长幼妍媸，怨亲善友，华夷智愚，普同一等，皆如至亲之想；亦不得瞻前顾后，自虑吉凶，护惜身命。见彼苦恼，若己有之，深心凄怆，勿避艰险、昼夜、寒暑、饥渴、疲劳，一心赴救，无作功夫形迹之心，如此可为苍生大医：反此则是含灵巨贼……其有患疮痍、下痢，臭秽不可瞻视，人所恶见者，但发惭愧凄怜忧恤之意，不得起一念蒂芥之心，是吾之志也。

### 【译文】

凡是优秀的医生治病，一定要神志专一，心平气和，不可有其他杂念，首先要有慈悲同情之心，决心解救人民的疾苦。如果患者前来就医，不要看他的地位高低、贫富及老少美丑，是仇人还是亲人，是一般关系还是密切的朋友，是汉族还是少数民族（包括中外），是聪明的人还是愚笨的人，都应一样看待，像对待自己的亲人一样替他们着想；也不能顾虑重重、犹豫不决，考虑自身的利弊，爱惜自己的性命。见着对方因疾病而苦恼，就要像自己有病一样体贴他，从内心对病人有同情感，不要躲避艰险，无论是白天还是黑夜，寒冷或暑热，饥渴或疲劳，要一心一意地去救治他，不要装模做样，心里另有想法，嘴里借故推托。做到这些，就可以成为人民的好医生。若与此相反，就于人民无益而有大害……有人患疮疡、泻痢，污臭不堪入目的，甚至别人都很厌恶看的，医生必须从内心同情、体贴病人，感到难受，不能产生一点别的念头，这就是我的心愿啊。

——节选唐·孙思邈《备急千金要方》

173

不管时代的潮流和社会的风尚怎样，人总可以凭着自己高尚的品质，超脱时代和社会，走自己正确的道路。

——（德国）爱因斯坦

### 3. 道德即纪律——爱弥尔·涂尔干的职业伦理

倘若没有相应的道德纪律，任何社会活动形式都不会存在。实际上，对每个社会群体来说，无论它是有限的，或者具有一定的规模，都是各个部分构成的整体:正是原初要素的不断重复，才构成了整体，而该要素本身却是个别的。如今，为了让这个群体存续下去，每个部分都必须运转起来，这些部分并非是孤立的，其本身就是整体；反过来说，每个部分也必须通过特定的方式确保整体存活下去。不过，整体的生存条件并不是部分的生存条件，因为两者毕竟是不同的事物。个体的利益也不是他所从属的群体的利益，实际上，两者之间倒经常出现势不两立的局面。个体必须了解这些社会利益，也惟有个体才能隐隐约约地觉察到这些社会利益。有时候，个体根本不能感受到它们，因为它们不仅外在于个体，而且它们作为某种利益的东西也不同于个体。个体无法像完全关注自身利益那样，不断意识到社会利益的存在。有一种体系似乎必然会把这些社会利益带给个体的心灵，迫使个体尊重它们，这种体系就是道德纪律。

因为所有道德纪律都是为个体制定的规则，个体必须循此而行，不得损害集体利益，只有这样，才不会破坏他本人也参与构成的社会。倘若他允许自己按照自己的倾向行事，他当然可以获得成功，至少说他可以努力获得成功，而不管他面前的任何人，不顾及可能给他人造成的任何危害。然而，这种纪律却能够约束他，为他标出界线，告诉他应该与同伴结成什么样的关系，不正当的侵害行为从哪里缘起，个体为维护共同体必须负有什么样的当下职责，等等。

既然这种道德纪律的明确功能使个体所面对的目标既不能成为他本人的，又是他不可把握并外在于他的，那么对个体来说，这种纪律似乎不仅存在于其本身之外，同时也能够支配他，从某种意义上说，现实也确是如此。当我们发现道德能够把伦理的基本原则变成具有神圣起源的戒律时，道德的这种超验性质就可以在通行的概念中得到表达了。社会群体的规模越大，就越有必要制定这样的规范。当群体规模较小的时候，个体与社会之间的距离不会太大；整体几乎很难与部分区分开，所以每个个体首先都要辨别整体的利益，以及整体利益与每个人利益之间的关系。随着社会的逐步扩大，两者的差别也就越来越明显了。

所以，任何职业活动都必须得有自己的伦理。实际上，我们已经看到许多职业都能够满足这样的需要。惟独经济秩序的功能是个例外。即便在这里，也不缺少职业伦理的萌芽，只不过这些萌芽发育得太差，无足轻重，似乎根本就不存在。事实上，这种道德无序状态竟然被有的人称之为经济生活的权利。有人说，就其通常的用途来说，根本就不需要什么规定。然而，这样的特权又是从何而来的呢？这种特殊的社会功能又怎样能够脱离所有社会结构最基本的条件呢？显然，倘若从这个意义上说，这不过是古典经济学家的自我欺骗，那么其原因在于，他们所研究的经济功能似乎单纯以自身为目的，并没有考虑到对整个社会秩序所产生的进一步影响。由此看来，产量似乎成了所有工业活动惟一首要的目的。从某种角度说，产量只是集约性的，根本就不需要进行规定；相反，对个体经营和只顾自身利益的企业而言，最好的事情莫过于激发和激励彼此之间白热化的竞争。而不是让它们各就其位，各负其责。然而，生产并不是一切，倘若工业只能通过维持生产者之间永无休止的争斗和无法满足的欲望来提高产量，那么它所带来的邪恶也就无法调和了。即使从严格意义上的功利角度来说，如果财富不能抑制绝大多数人的欲望，那么增加财富究竟是为了什么目的呢？难道是反过来进一步唤起贪婪的欲望吗？这种说法会使我们忽视以下事实：经济功能本身并不是目的，而只是实现目的的手段；它们只是社会生活的一个器官，而社会生活首先是各项事业和谐一致的共同体，特别是当心灵和意志结合起来，为共同的目标努力工作的时候。假如社会不能给人们带来一丝内心的和平和交往的和平，那么社会也就没有存在的理由了。假如工业为了实现其生产目的，必须破坏和平、引发战争的话，那么它也就没有什么价值可言了。而且，即便仅就经济利益而言，高产量也并非意味着一切。价值也得有规定性。最根本的事情不仅仅在于量的生产，也在于有规律的物质流动，用充分的物质流动占有劳动力。所以，这绝不是支配生产和被生产支配相互交替的

我们违背大自然的结果是，我们破坏了自然景观的美，自然动态的美和天籁的美。

———（美国）诺曼·卡曾斯

过程。没有被规定的计划，就没有规定性。

古典经济学理论经常鼓吹原来的短缺已经消失了：既然关税的降低和运输的便利可以使一个国家从其他国家那里获得它所需要的供给，短缺的情况就不可能出现。不过，原来食物供给的危机如今已经变成了工商业的危机，这些危机造成的混乱局面同样令人反感。社会的维度越多，市场的规模越大，就越迫切需要某些调控手段来抑制这种不稳定性。如上所述，这是因为整体越先于部分，社会越超出个体之外，个体从其自身中就越难以感受到他必须加以考虑的社会需求和社会利益。

假如这些职业伦理在经济秩序中逐渐被确立起来，那么我们在社会生活领域里很难找到的职业群体就必定会得以形成或复兴。因为惟有这样的群体，才能够制定一套规范图式。不过这里我们又遇到了一种历史的成见。在历史中，这种职业群体被称之为法团（corporation），人们认为，这种法团与政治上的旧制度（ancien regime）具有紧密的联系，所以根本不可能存活下来。对工商业来说，对合作组织的需要似乎就是一种住退，原则上讲，这种逆向而行的做法完全应该被当成是一种不健康的现象。

——节选自爱弥尔·涂尔干《职业伦理与公民道德》，
上海人民出版社，2006 年 7 月第 1 版

◎【故事里的事】

## 1. 贾立群：患儿家长心中的"B 超神探"

2017 年 8 月，被表彰获得全国卫生计生系统"白求恩奖章"。2019 年 9 月 25 日，贾立群获"最美奋斗者"个人称号。

在首都医科大学附属北京儿童医院，经常能见到千里迢迢带孩子来检查的家长，点名要做"贾立群牌 B 超"。而这好口碑，源于炉火纯青的诊断技术。

贾立群是北京儿童医院超声科名誉主任，自 1977 年进入北京儿童医院工作以来，他通过在自己身上反复试验，在回声高低、液体清浊、血流性质和流速、脏器大小和形态中，摸索出儿童超声图像的特点和规律，成为我国儿童超声领域的拓荒者。从事 B 超检查工作 30 多年来，他练就了一双"火眼金睛"，是家长们心目中的"B 超神探"。也正是因为这样，慕名而来的人非常多，贾立群许下了"只要人在北京，24 小时随叫随到"的承诺。为了兑现这个诺言，他一直蜗居在医院旁一套 40 多平方米的职工宿舍里。有一天夜里，他从床上被急诊叫走了 19 次。

曾有一个重度肝肿大的患儿，只有 2 个月大，肝上布满小结节。其他医院的检查结果是良性肝脏血管瘤，但治疗后，孩子的病就是不见好。贾立群觉得孩子的病有两种可能，一个是良性的肝脏血管瘤，另一个就是恶性的肿瘤肝转移。可要命的是，这两种病在 B 超图像上的表现几乎没有区别，唯一不同的是，如果是恶性肿瘤肝转移，会有一个原发瘤。贾立群拿着探头一遍遍地在患儿的腹部划过，终于，在无数的小结节中，发现一个黄豆大小的小结节，在孩子哭闹的时候，它不随着肝脏移动。他意识到，这就是"元凶"，即左侧肾上腺神经母细胞瘤，肝转移。最后的手术和病理结果证实了他的诊断，这是一种恶性但可以治愈的肿瘤。这个孩子治好了，可没过多久，孩子的父母又抱来了该患

177

啊，有修养的人多快乐！甚至别人觉得是牺牲和痛苦的事他也会感到满意、快乐；他的心随时都在欢跃，他有说不尽的欢乐！

——（俄国）车尔尼雪夫斯基

儿的孪生妹妹。两个孩子的病情一模一样，可怎么也找不着这孩子的原发瘤。一连几天，贾立群把自己埋在文献堆里，终于找出了答案。这个肾上腺的小肿瘤不但本身肝转移，还通过胎盘转移到另一个胎儿的肝脏，简言之，就是小姐儿俩得的是同一个病，只不过元凶不在妹妹身上，而在姐姐身上。这种病情在中国仅此一例，世界上也非常罕见。由于及时得到正确诊断，进而及时治疗，孩子的性命得以挽救。

贾立群精湛的业务，无数次化解了患儿的险情。很多家长为表示感谢，总想给他塞红包，但他一次次谢绝。有一次，一位家长硬往他兜里塞钱，推来挡去，白大衣的两个兜都被扯坏了。贾立群索性全给撕了下来，但又觉得太难看，于是，他干脆把兜口缝死，从此，"缝兜大夫"的绰号便在家长间传开了。衣兜虽被缝死了，可还是有家长想出各种花样感谢他，有把红包夹在报纸、杂志里的，有趁他洗手时硬别在他裤腰带上的，还有给他往手机里充值的……然而，他每次都能巧妙地"完璧归赵"。他总说："把钱用在给孩子看病上吧。"

因为做B超必须空腹，贾立群不忍心让患儿们挨饿，为此，他经常挤出吃午饭的时间连续工作，时间久了，也就养成了不吃午饭的习惯。由于长期作息不规律，疾病逐渐找上门来。有一次上班时，贾立群肚子疼，后来疼得直不起腰来。可看到诊室外挤满了远道而来的患者，他只好用一只手按着肚子，另一只手拿探头做了一天的检查。直到晚上诊断完所有患儿，他才到医院就诊，确诊为阑尾炎。因为耽误得太久，阑尾都穿孔坏疽了，随时可能发生危险。医生马上给他做了手术，术后毫不客气地说："亏你自己还是医生呢，居然来这么晚。"贾立群却说，看到家长和患儿们期盼的眼神，他于心不忍。

贾立群就是这样，把职业当作一生的事业，几十年如一日忘我地付出。他常说，作为一名儿科大夫，为孩子做任何事情都是值得的。

——摘自《光明日报》，2019 年 10 月 6 日

## 2. 90 后美女成雅婷收敛美貌绽放劳动之美

天天与淤泥、化粪池打交道，疏捞工的活堪称最脏最累，在洪山区水务局排水队，居然有位很时尚、很新潮的"90 后"女孩。

1990 年出生的成雅婷，2011 年从湖北科技职业学院毕业。她的父亲成建国是洪山区水务局的一名疏捞队队员，从事疏捞已有 30 多个年头。而毕业后，成雅婷一直没有找到合适的工作，于是和父亲商量后，决定去疏捞队试试。小时候，成雅婷就曾时常跟随父亲一起工作，疏捞队的活对她来说并不陌生。"虽然知道工作很辛苦，但我觉得自己能适应！"成雅婷说。就这样，2012 年元旦过后，成雅婷加入了洪山区水务局疏捞队。

每天早上 7 点起床，洗漱完毕，成雅婷往往跟父亲一起到单位上班。换工作服、穿胶鞋、戴手套、准备工具……8 点整，成雅婷和疏捞班同事们全副武装地出发，到目的地打开一个个窨井盖，进行疏捞。

"开始还是有点吃力，但班长和前辈们都会教我用巧力，现在已能完全胜任了！"成雅婷微笑着说。开始的时候，她每天工作下来，身上会觉得酸疼。

工作两个月来，令成雅婷记忆最深刻的就是春节前疏捞化粪池的经历。春节前，疏捞队接到疏捞洪山区和平街金鹤园社区几处化粪池的任务。尽管早有心理准备，但到了现场，难闻的气味还是让成雅婷有些难受。"我自己戴着口罩，但那个味道一开始还真是难适应，但慢慢地也就习惯了。"污物溅到了衣服上，成雅婷顾不了那么多；难闻的气味扑鼻而入，她当没有闻到，咬着牙坚持到了最后。这一天，她与同事从上午 8 点多一直干到下午 5 点多。

成雅婷的表现赢得了既是班长又是师傅的万九红的好评，"这孩子看着文静，但对工作很认真，能看事做事，不怕脏不怕苦。像她这么大的孩子，能做到这一点的已经蛮少了。"

平时，不工作时的成雅婷也是个爱美的时髦女孩，头发做得很好看。可

修身洁行，言必由绳墨。

—— （宋代）王安石

工作时，她总是戴着一项帽子，不仅把头发，连清秀的脸庞都遮住了。同事都说她是脸皮薄，怕羞，所以把帽檐压得很低，让人看不到额头和眼睛。而成雅婷自己则解释说，她并不介意遇到熟人，朋友们也能理解她的工作，只是戴着帽子遮住眼睛已成了习惯。

"从校园到每天与污水、大粪、淤泥打交道，刚开始感觉反差太大，不过我适应能力很强，很快就让这些困难过去了！"成雅婷说，处女座的人对自己要求比较高，所以就算有困难也都会过去的。

为何选择这项又苦又累的活？成雅婷的答案也很"90后"，直截了当。

她说从学校毕业后，找工作不太顺利，同学也大多在外面打工做美工、快印。她还在学校时，爸爸就曾建议她，毕业后到排水队工作。她自己也觉得，熟悉这种环境，工作也稳定，今后还有考事业编制成为正式工的机会。

现在，成雅婷总将一本《市场营销学》随身带，中午休息时挤出时间看。她说现在就想考武汉理工大学的专升本财务管理专业。如果顺利，她还想考硕士研究生、考公务员。但最后，她还是想回到水务工作岗位，在爸爸工作一辈子的行业继续干下去。

——摘自《武汉晚报》，2012 年 2 月 23 日

### 3. 一根跳绳，带领孩子们"跳"向世界

2019 年 7 月，在挪威举办的跳绳世界杯上，赖宣治带领广州花都跳绳队 17 名中小学生，在 26 个国家近千名参赛者的角逐中，斩获 85 金 23 银 15 铜，刷新了 7 项世界纪录。

而这已经不是七星小学的孩子们第一次"横扫"世界赛场了：2014 年，全国性跳绳比赛获得团体总分第一的成绩，拿到 36 块金牌；2015 年，迪拜首届世界学生跳绳锦标赛，拿到金牌总数 28 枚中的 27 枚。如今，七星小学跳绳队已经培养出了 20 多个世界跳绳冠军，创造了 10 多项跳绳世界纪录。

赖宣治带领这所由留守儿童和外来务工子弟组成的学校学生从零起步，一

步步地从小操场"跳"上了世界的舞台。许多人都好奇,为什么他们能做到?

2010 年, 刚刚大学毕业的赖宣治来到了广州七星小学任教,成为学校建校 35 年以来首位大学生教师。彼时,七星小学办学条件非常差,学校经费有限,体育器材不够, 课程设置不完善,孩子们长期缺乏专业的体育训练。他暗地发狠:一定要把学校的体育搞起来。

而这时, 当地教育局正在大力推广跳绳项目, 经过不断观察与尝试, 他找到了诀窍:弓腰半蹲式跳法。赖宣治又摸索了一套传授方法,他将跳绳与其他体育运动相结合,触类旁通。"握绳和拿羽毛球拍很像,花式跳绳则和舞蹈、武术也有些类似。"他边为学生放视频,边分析讲解动作要领。受摩托车刹车线的启示,他自制了一条"刹车线"跳绳,上手时快了很多,从原来的 30 秒单摇 70 多下增速到 100 多下。从此之后,赖宣治独创的"半蹲式"跳法和"刹车线"跳绳成了七星小学跳绳队队员的标配,也成为团队征战四方的法宝。

赖宣治要求严格, 每天早上从 6 点半训练到 8 点,下午从 4 点半训练到 5 点,雷打不动。赖宣治和他的跳绳队都在坚持训练,旧场地的一块瓷砖都被磨平了。有的孩子因为又苦又枯燥向赖宣治提出退队,但更多的孩子坚持了下来。而这些孩子们, 最后都在世界舞台上捧起了奖杯,成就了梦想。

"小小的绳子, 大大的世界", 这成了赖宣治的口头禅。这一根绳子, 不仅将七星小学拉向了世界,也让一个个跳绳队员们发现了自己的无限可能性。"跳绳可以让孩子们发生改变,让他们对未来的社会、未来的生活有更大的向往,我觉得这才是跳绳的魅力所在。"赖宣治对跳绳这件事情有了新的认知。

不断夺冠, 让赖宣治和跳绳队员们都迅速成名。媒体蜂拥而至,原本默默无闻的七星小学声名甚至远播海外。不断打破纪录的队员岑小林, 成为代表世界跳绳最高水平的"光速少年"。"我会告诉我的学生,世界上只有努力是最公平的。只要努力就能证明自己。"赖宣治说。

在问到赖宣治未来的打算时, 他表示:"很多人认为我们拿到这个成绩,就到了一个节点。但我觉得,教育是没有节点的。"

——摘自《工人日报》2019 年 10 月 17 日

心体光明, 暗室中有青天; 念头暗昧, 白日下有厉鬼。

——(明代)洪自诚《菜根谭》

## 4. "共和国勋章"获得者屠呦呦
### ——与青蒿结缘 用中医药造福世界

"中医药人撸起袖子加油干，一定能把中医药这一祖先留给我们的宝贵财富继承好、发展好、利用好。"中国中医科学院终身研究员、国家最高科学技术奖获得者、诺贝尔生理学或医学奖获得者屠呦呦的声音铿锵有力。60 多年来，她从未停止中医药研究实践。

2015 年 10 月 5 日，瑞典卡罗琳医学院宣布将诺贝尔生理学或医学奖授予屠呦呦以及另外两名科学家，以表彰他们在寄生虫疾病治疗研究方面取得的成就。

这是中国医学界迄今为止获得的最高奖项，也是中医药成果获得的最高奖项。屠呦呦说："青蒿素是人类征服疟疾进程中的一小步，是中国传统医药献给世界的一份礼物。"

20 世纪 60 年代，在氯喹抗疟失效、人类饱受疟疾之害的情况下，在中医研究院中药研究所任研究实习员的屠呦呦于 1969 年接受了国家疟疾防治项目"523"办公室艰巨的抗疟研究任务。屠呦呦担任中药抗疟组组长，从此与中药抗疟结下了不解之缘。

整理中医药典籍、走访名老中医。"青蒿一握，以水二升渍，绞取汁，尽服之"给了屠呦呦新的灵感，屠呦呦团队最终于 1972 年发现了青蒿素。据世卫组织不完全统计，在过去的 20 年里，青蒿素作为一线抗疟药物，在全世界已挽救数百万人生命，每年治疗患者数亿人。

每当谈起青蒿素的研究成果，屠呦呦总是会说："研究成功是当年团队集体攻关的结果。"而鲜为人知的是，起步时的屠呦呦团队只有屠呦呦和两名从事化学工作的科研人员，后来才逐步成为化学、药理、生药和制剂的多学科团队。

目前，屠呦呦团队共 30 多人，这些研究人员并不局限于化学领域，而拓展到药理、生物医药研究等多个学科，形成多学科协作的研究模式。屠呦呦介绍，未来青蒿素的抗疟机理将是她和科研团队的攻关重点。

科研人员在对双氢青蒿素的深入研究中，发现了该物质针对红斑狼疮的独特效果。屠呦呦介绍，根据现有临床探索，青蒿素对盘状红斑狼疮和系统性红斑狼疮有明显疗效。

2019 年 4 月 25 日，第十二个世界疟疾日，中国中医科学院青蒿素研究中心和中药研究所的科学家们在国际权威期刊《新英格兰医学杂志（NEJM）》提出了"青蒿素抗药性"的合理应对方案。

"中国医药学是一个伟大宝库，青蒿素正是从这一宝库中发掘出来的。未来我们要把青蒿素研发做透，把论文变成药，让药治得了病，让青蒿素更好地造福人类。"屠呦呦说。

——摘自《人民日报》，2019 年 10 月 5 日

## 5. 北京航天飞行控制中心年轻人：使命与青春完美对接

一个崇高而艰巨的使命，中国航天史上两个飞行器首次在浩瀚太空彼此追寻并紧紧相拥；一支平均年龄 32 岁的年轻团队，激活了航天飞行任务的"神经中枢"，随心所欲般牵引着"放牧"飞行器的天地纽带。

这一瞬间已载入中国航天史册：2011 年 11 月 3 日 1 时 36 分，神舟八号与天宫一号完美对接；这一瞬间，这支年轻的队伍也兑现了把青春与使命完美对接的誓言——他们以 100% 的成功率，堪称完美的表现，将中国航天飞行控制技术推向新的高度。

这一群年轻人，来自北京航天飞行控制中心。

### 闯出一条中国飞控之路

2011 年 11 月 3 日，"天宫"、"神八"第一次高难度"空中之吻"，开启了中国航天新旅程，唱响中国空间站建设的前奏。第一次的成功交会对接意义深远，标志着继掌握天地往返、出舱活动技术后，我国突破了载人航天三大基础

真诚是没有止境的。永远以真诚自勉。

——《礼记·中庸》

性技术的最后一项——空间交会对接。

航天飞行控制有多重要？公认的是，空间交会对接，重点在飞控，关键在飞控，难点也在飞控。作为航天飞行任务的"神经中枢"，北京航天飞行控制中心成为舞台中心的主角，也是压力最大的角色：所有的指令都从这里发出，所有的数据都在这里汇聚，所有的信息都从这里传输，所有的控制都在这里实施。一旦出现意外，应急决策也将在这里产生。

这里的科技人员用自主创新打造了航天测控的奇迹，队伍中的年轻人则勇敢地冲在了解决世界性航天难题的最前列。

茫茫太空，同时控制两个航天器协同飞行，在我国航天发展史上还是第一次。测控的第一道难关是制定总体飞控方案。"做方案需要对任务有全局的把握和超前的预判。"飞控中心副总工程师、70后航天测控专家李剑大胆提出了一种全新的飞控模式，结果证明：既可解决技术难题，又大大提高了控制的灵活性、安全性、可靠性。

交会对接任务中，飞行器的轨道控制难度非常大。41岁的轨道专家唐歌实自主研究了全新的轨控策略，极大地提高了轨道控制精度，控制偏差均在千分之三以内，为交会对接成功奠定了坚实基础。

作为交会对接任务的数据交换中心，北京航天飞行控制中心负责与国内外测控站进行数据交换，这也带来网络安全的风险，一旦遭受干扰和侵袭，后果不堪设想。年轻的通信专家刘博扬和他的团队建立起来的网络隔离系统，实现了主任务系统与外网数据的双向过滤，为交会对接任务安全测控搭起了一道铜墙铁壁。

短短3年里，北京航天飞行控制中心这群年轻人进行了400多次内外部联调联试，精心编写了500多万字的各种总体技术实施方案，制定各类应急预案700余项，成功研制出500余万行源程序的飞行控制软件系统。

### 在追求完美中超越自我

载人航天是一项高风险的事业，交会对接任务更是航天领域公认的技术难关。科学试验来不得半点马虎，只有求真务实、严谨细致，才能确保任务的成功。

锲而不舍，追根问底，决不放过任何一个疑点，这成为北京航天飞行控制中心年轻人的普遍特点。每个人对数据都异常敏感，常常为了小数点后 6 位数和零点几毫米的差别争得面红耳赤。他们拿着一个"双面放大镜"，"一面"是不断地、仔细地查找自身的不足，"另一面"是不断地请人给自己挑毛病。

交会对接飞控事件密集，每一次控制都会有风险，即使这个问题只有 1%发生的可能，地面一切准备工作都朝着"零故障、零缺陷"的目标做好百分之百的准备。担任总体故障对策工作的 70 后博士汪广洪说，"要把任务过程往最坏的方面预想，把所有能想到的问题、故障全部预料到，全部找到应对的方法。这次任务比预想的还完美，来源于事前做足了准备。"

2011 年 1 月，北京航天飞行控制中心进行了第一次交会对接"天地一体化验证"的实战演练。演练中，神舟八号飞行至第二十八圈时，突然不执行发出的数据注入指令，此时距离两目标实施对接已不足 2 小时，如不采取措施，演练将以失败告终。危急时刻，总体室副主任邹雪梅和她的团队提出了处理方案，在最后 10 秒钟内成功实施了一次应急数据注入，飞船按指令准确完成了一系列动作，顺利完成了联试。关键时刻化险为夷，离不开邹雪梅平时扎实细致的准备，邹雪梅说，"要像熟悉自己一样熟悉任务"。

在天宫一号第一次近地点变轨之后，轨道室主任谢剑锋分析比较发现，相关参数存在千分之二的误差，虽然误差属于正常范围之内，但他进行了大量的计算和比对，最终将误差控制在万分之三范围内。细节决定成败，责任重于泰山。这正是这支年轻队伍创造骄人成绩的秘诀之一。

### 用青春书写航天新篇章

交会对接成功的辉煌令世人瞩目，无限风光的航天事业背后是常人难以想象的艰辛。

此次载人航天任务实施密度之高、时间持续之长前所未有。在不到 2 个月的时间，要完成 4 次任务和 2 次对接。近 3 年的时间里，北京飞控中心这群年轻人过着"白加黑"，"5+2"的日子。他们与数据做伴，与程序共舞，几乎放弃了所有的休息时间。

*美德是智力最高的证明。*

———（英国）约翰生

28 岁的工程师王成，因为在天宫和神八"双线作战"，每天要加班到凌晨。他甚至没有陪妻子做过一次孕检，没有完整地照顾过孩子一天。为了任务，意外脚部骨折的轨道室专家李革非只是短短休息了六天，就打着石膏、挂着拐杖返回工作岗位。

29 岁的乔宗涛称得上是飞控大厅内最引人瞩目、最紧张也最忙碌的人，因为他是总调度，从发射场到陆海天基测控站，成千上万条调度口令都要由总调度来下达。他的抽屉里，长年放着两种药——咽喉片和健胃消食片。咽喉片是他保持清亮嗓音的常用之物。健胃消食片则是这一久坐不动岗位的必备药，"吃一顿饭要吃得很饱，因为不知道下一顿饭要到什么时候。久坐不动呢，则是因为我不能随便站起来——总调度一站起来，大家会以为出了什么故障。"

平时陪伴家人太少，这样的愧疚几乎发生在每个年轻的航天人身上。曾担任"神六"、"神七"、"嫦娥一号"任务总调度的肖龙这次接到任务后，他知道，以办公室为家的日子又来了。作为一个 5 岁孩子的父亲，提起孩子，他的脸上闪过一丝愧意。

"大家的心里热爱这份事业，并且甘为这份事业奉献一生。"北京航天飞行控制中心党委书记刘清华动情地说，几代中国航天人无私奉献的精神，在这群年轻人身上依然熠熠闪耀。

就是这样一群年轻人，他们用青春坚守着使命，脚踏实地，仰望星空。

——摘自《人民日报》，2011 年 12 月 19 日

## 6. 白发仍少年 热血著文章——追记内蒙古日报社原首席记者刘少华

刘少华，在内蒙古新闻界很有名，他曾是内蒙古日报社首席记者、第七届长江韬奋奖获得者。甚至许多未曾谋面的人也熟知他，不是因为他的名声，而是因为他笔下流淌出的深情文字。

他是记者，他执笔的牛玉儒先进事迹长篇通讯，受到读者广泛好评；他是作家，他献给母亲的深情散文《丁香花开的时候》入选《当代散文精品》；他

是诗人，他创作的诗歌《牵手草原》被谱写成歌，传唱海内外……

### 扎根一线的新闻记者

2019 年 1 月 24 日，刘少华因病去世，享年 67 岁。一时间，他逝世的消息在朋友圈传播开来，人们纷纷表达惋惜之情。

有人说，刘少华给人的印象一直是风华正茂、正值创作高峰期的中年人形象。因为无论在何时何地见到他，他总是激情澎湃。

作为内蒙古日报社的首席记者，刘少华最看重的是他的作品。他说："文章不仅是用笔写出来的，还需要用汗水、泪水、情感甚至鲜血和生命来润色，爱到深处，方能文辞感人。"

他是这样说的，也是这样做的。1998 年，松花江嫩江流域发生百年不遇的洪水。那时候的刘少华，因为在上一年的采访过程中遭遇车祸，大腿骨打着钢板，但他还是毅然请缨，上了抗洪前线。他走泥泞、住帐篷、划小船，发回了《呼伦贝尔，我要选择对你说》系列报道。虽然吃尽苦头，他却说："走到一线，对一名记者来说是再平常不过的事。"

"你想采到 800 米井下最生动的新闻，必须走到 800 米井下，少一米都不行。"这是刘少华给年轻记者讲课时经常提及的。他三下 800 米井下写出的通讯《五虎山·矿工的山》，被多部新闻作品集收录。

很多记者说，刘少华总能找到新闻中与众不同的闪光点，但刘少华自己知道，所谓的与众不同，可能只是因为他比别人走得更近、采得更深、写得更用情。

### 满怀深情的草原诗人

"轻轻地来，慢慢地走，握住草原温柔的手，那是一片纯洁的爱，那是一杯醉心的酒……"这是刘少华创作的《牵手草原》歌词，他以诗人的情怀，诉说着自己对生养他的草原的依依深情。

刘少华的文章，有的洋洋洒洒数千字，读来却毫不费力。他是一位高产作家，人们惊异于他的才华，更惊叹于他的文章。可熟悉他的人知道，刘少华

感情有着极大的鼓舞力量，因此，它是一切道德行为的重要前提，谁要是没有强烈的志向，也就不能够热烈地把这个志向体现于事业中。

————（苏联）凯洛夫

有着深厚的日常积累和敏锐的洞察力。

刘少华的家中陈设简朴，办公室更是简陋，除了桌椅电脑，只有两个单人沙发，可办公桌上的资料、书籍却堆得很高。除了日常工作，最让他花费精力的，就是用文章抒发自己对家乡和草原文化的热爱。

《草原是首母亲的歌》《金色的胡杨礼赞》《苍天般的阿拉善》《在绿色原野上采撷》等篇目，每一篇都令人感动。

"一切吉祥都在草原降临，一切美好都在草原汇合，一切真情都在草原凝聚，一切希望都在草原闪烁……"2017年，恰逢内蒙古自治区成立70周年，刘少华用一篇《赞歌献给内蒙古》，抒发了对家乡深深的爱。

### 坚守初心的北疆楷模

每逢母亲节，朋友们总会收到刘少华的短信："又是一年母亲节，向妈妈问好，祝愿天下所有母亲幸福安康……"

刘少华的代表作《丁香花开的时候》，是他2001年母亲节写的一篇怀念母亲的纪实散文。他在文中描写了母亲让自己做一个正直的人的谆谆教导，读来使人落泪。

对于年轻人，刘少华是无私的。他长期活跃在校园里、新闻培训的讲台上，结合自己多年实践，生动讲述一些精品佳作的创作心得。他告诉年轻人，一名记者如果没有激情、没有热爱，笔下就无法流淌感情。没有感情的文章，就不会有读者，也会失去传播力。

2019年9月10日，内蒙古自治区追授刘少华"北疆楷模"荣誉称号，刘少华生前的采访对象、同事、好友、亲属，从工作、生活等方面讲述了他的感人故事。一张张珍贵的照片，一声声深情的讲述，反映了刘少华在工作中坚守初心、在奋斗中勇担使命的精神，深深打动了现场每一个人。

一位一生笔耕不辍的好记者走了，临行前，他还在《内蒙古日报》发表了一篇新闻记者如何践行"四力"的文章。他留给人们的是新闻人追求真理、一往无前的精神，以及激荡在大草原上的嘹亮回声。

——摘自《人民日报》，2020年1月13日

## 7. 但愿人皆健，何妨我独贫：中医的扶危济困之道

### 仗义济贫陈道隆

近代沪上名医陈道隆（1903—1973），行医仗义疏财，慷慨济困。他的案几上放着一块醒目的标牌"贫病不计"。每天留出 30 个名额，专门免费接待付不起诊费的穷困病人。有一次出诊到一个穷人家里，开方后方知这家根本无钱买药。陈在自己衣袋里摸了半天，发现分文未带，情急中他摸出怀里的金表，嘱咐病人快到当铺换钱买药，以免贻误病情。病家手捧金表感动得不知说什么才好。第二天陈才叫司机去当铺赎回金表。

还有一次，一老太思念外出挣钱久无音讯的儿子，抑郁成病。儿媳延请陈道隆到家看病，陈环顾四周，知是贫寒人家。在为病人切诊时，忽听楼下敲门高喊领取汇款之声。老太一听儿子有钱寄来，顿有喜色。细心的陈道隆却从儿媳强作笑容的脸上看出疑窦。开方之后，他暗问那儿媳是否真的有钱寄来，女子不禁悲从中来，哭泣着告诉他，刚才敲门喊取款之事，全是做给老太太看的，以图安慰她。陈道隆听了十分动情，不仅不收病家分文，反而解囊相助 20 块银洋，配合儿媳"假戏真做"。

### "不请自来"唐介庵

唐介庵，清代乾嘉年间浙江名医，治病善用大黄，人称"大黄先生"。其医德堪称师表，遇贫困人家有病请诊，第二次就自己前去，不劳病家再请。有一邻居以卖手艺为生，积攒了十两白银，常常放在褥下。有一天白银忽然不见，从此卧病在床，迭治无效。唐介庵闻知内情，就在衣袖里藏了十两白银，借诊脉之机放于病人枕下。病人发现了白银，喜出望外，病亦随之痊愈。

人能克己身无患，事不欺心睡自安。

—— （元代）马致远《岳阳楼》

### "记账月结"王旭高

王旭高（1798—1862），清时无锡名医。其治病有来请者，必先至贫家，而后到富家，人不解其意，先生曰："贫者藜藿之体，类多实病与重病，急而相求，宜早为治，否则贻误病机。富者养尊处优，类属轻症与虚症，调理者居多，略迟无妨，故不得不有缓急先后也。"平时对贫者来诊，不计诊金，或璧还之，甚至无力售药者，于药方上角书"记账月结"四字，加盖私章，病者持方至本城药店取药，可不付药资，由王旭高月底与药房结账。若远道病者，察其病之浅深，预为之计，自初病至病愈，改方不收分文，以此人咸感其德。

——佚名 / 文

## 8. 四名中医师奋战在抗疫一线——守护武汉的中医力量

中医药是中华民族的文化瑰宝。历史上，中医药在治疗疫病上有独特的经验。新冠肺炎疫情发生后，党和国家非常重视中医药抗击疫情的作用，组织国家中医医疗队驰援湖北。通过治疗，许多患者症状明显好转，治愈出院，广大奋战在抗疫一线的中医师功不可没。

### 军队支援湖北医疗队队员李军昌

2月17日，空军军医大学附属西京医院中医科副教授李军昌作为军队支援湖北医疗队队员到达武汉，担任湖北省妇幼保健院光谷院区感染二科副主任，负责3个病区约170位患者的中医药诊疗方案的制定。培训结束，他和新战友第一批"冲进"病区，迅速开展收治工作。结合发现的问题，他们提出三点建议：病房管理实行中西医结合模式，治疗用汤剂基础方与免煎颗粒的辨证变化方相结合模式，成立"中医药诊疗指导小组"。

感染二科的病人多数年龄大，基础病变多，病情重。中医需要望闻问切，过程复杂。为了给一位 80 岁老人拍 X 光片，李军昌专门参加培训，把 20 多个步骤逐条记下来，拍的时候，不断调整角度，把球管放在最精准的位置，终于拍出了清晰的光片。

在查房时，病人得知他是在武汉学的中医，感觉更亲近了。一位大爷说："虽然你穿着防护服，我看不清你，但你是军人，还是中医，我相信你！"去武汉时，李军昌带上了同事紧急赶制的几百个用中药制成的香囊给患者，患者们都说："用了提神醒脑，很喜欢。"

"当年武汉培养了我，今天我定不负武汉！"李军昌说。

### 湖北省中西医结合医院肿瘤血液科主任医师许树才

1 月 18 日，湖北省中西医结合医院肿瘤血液科主任医师许树才主动请缨调往发热门诊，以中医药诊疗方案救治患者。"许多患者是典型的发烧咳嗽，吃了西药不见效果，我们就用中药。"许树才说。1 月 20 日的一次接诊经历让许树才印象深刻。"那是一位有西医学习经历的年轻女患者，感染后服用抗病毒和消炎类西药，但高烧依旧不退。"许树才开了 10 服中药，3 天后患者的症状基本缓解。许树才介绍，每次查房自己都要与患者近距离接触，问诊时要求患者摘掉口罩，查看舌苔脉象，从而对症下药。"新冠肺炎病情相对复杂，症状不典型的较多，在发热之外，还有拉肚子、肌肉酸痛等症状，这在客观上加大了用药的难度。"

接诊上千例病患后，许树才也在不断思考如何提高中医药治疗的效果。在特定的阶段用特定的药，疗效才能更好，在这个过程中，也在不断推动中医药发展。在许树才负责的重症病区，通过中西医结合治疗，已有不少转为轻症。一开始有些患者持怀疑的态度，但症状明显改善后，态度 180 度大转弯。

许树才说："让中医药在抗疫一线发挥应有的作用，这就是我的心愿。"

### 国家中医医疗队（江苏）队员陆炜青

2 月 14 日，首个中医方舱医院——江夏方舱医院正式启用，江苏省常州市中医院主任中医师陆炜青是第一批进舱收治患者的医生。每次进舱，8 个小

宽宏精神是一切事物中最伟大的。

—— （英国）欧文

时不吃不喝不上厕所，对于年近 50 岁的陆炜青来说挑战不小。

有一天戴的口罩型号不合适，在舱内的憋闷感比以往强烈很多，陆炜青一度有些缺氧，呼吸不畅。当天有 12 位患者需要采集咽拭子标本，还有一批患者要交接到其他病区，工作量很大。护目镜也逐渐有了雾气，为防出错，陆炜青不得不闭一只眼去核对病例。等忙完手头工作，时间已经过去了 6 个多小时。

"把口罩拿下来的一瞬间，空气一进来，感觉能够通畅的呼吸真是一件很幸福的事情。"陆炜青说。

虽然很辛苦，但陆炜青觉得努力并没有白费，他看到了更多患者康复。江夏方舱医院收治的所有患者通过中医治疗后，没有人病情发生恶化，每个病人都在好转。他记得，有一位刚来方舱的患者有胸闷心慌症状，吃了中药，再加上穴位按摩和心理疏导，症状消失了。

陆炜青介绍，目前自己所在病区的 100 多名患者中已有十几名治愈出院。

### 国家中医医疗队（湖南）队长朱莹

2 月 26 日，湖北武汉江夏方舱医院首批 23 名患者康复出院，其中有朱莹所在的湖南中医医疗队负责的 14 名患者。

今年 57 岁的朱莹是湖南中医药大学附一医院内科主任医师，在收到动员令的时候，尽管身体状况并不好，家中母亲也在病危中，她还是坚决来到了武汉，"我相信通过中西医充分结合、系统治疗，一定能帮助武汉人民早日战胜疫情。"

穿上厚厚的防护隔离服，还要戴上一层又一层的手套，给脉诊造成了不便。"我开玩笑地对同事们说，'患者的脉好像都变细了'。"朱莹说："不过，中医讲究望闻问切四诊合参，脉诊的时候，多切一会，再结合问诊、看舌象等，基本都能做出准确诊断。"

有位 59 岁的患者张女士，一度让朱莹很揪心，"两天两夜呕吐，一点东西也进食不了。"为此，朱莹和同事想了各种法子，"我们及时调整药方，用药两天后情况明显缓解，经检测各项指标转为正常，近期可以出院。"

"看到患者可以开心出院时，再辛苦也值得了。"朱莹说。

——摘自《人民日报》，2020 年 3 月 4 日

## ◎【编者小语】

　　古人云，术业有专攻，一行有一行的规矩，这是自古以来的事情。伴随着现代化的发展，人类进入了一个以职业生活为中心的社会时代，在现代社会中，职业活动对于个人的生存与发展至关重要。正是基于职业对于现代人的双重意义，一个成功而又符合社会需求的合格的从业人员，不仅需要有卓越的技能，也必须具备一定的职业道德。只有具备基本的职业道德，才能保障满足社会需求的职业活动的有效供给，才能创造出保证自身与他人生存的条件；同时，也正是在注重个人的职业道德修养提升中，生命的意义得到诠释，个人的社会价值得到体现。

　　所以，现代化的发展，不仅提升了职业活动的重要性，更使得职业道德具有了不可忽略的意义。当代中国正处于现代化发展的关键时期，当代中国的现代化发展也包含着职业道德发展的内容。但后发外生型的现代化发展模式，一方面决定了当代中国快速的现代化发展特点，另一方面也诱发了大量的职业道德问题，影响了职业道德建设。所以，如何从现代化发展的视角去看待并研究当代中国的职业道德，已成为一个现实同时具有重要意义的课题。

　　本章以《郑棒棒的故事》为出发点，述及涂尔干对职业伦理的经典论述，以毛主席那篇影响深远的纪念白求恩的文章为承接，以古今中外各项职业典范人物的事迹为落脚点。期冀以此短短万余言，能比较清晰的勾勒出职业与道德的关系，对工作在各行各业岗位上的人有所启发。

193

你若正直，不要怕人诽谤。

——（古代波斯）萨迪

## 第九章

# 善良之风俗——我们身边的社会公共道德

　　曾经有这样一件事情，2006 年 7 月，中国纺织工业协会曾组织 10 家企业的老总赴欧洲考察、学习。活动第二天，安排欧洲主办方与中国企业互赠礼物。

　　中国一家知名内衣公司的负责人送给欧洲工会联盟主席（一位女士）一件价值860元人民币的睡衣。5天后，这位女士特意要求和这家企业的负责人聊聊。这位主席说："这衣服穿着太舒适了，产品不论从颜色、款式、设计到材料都非常适合欧洲女士的需要，才八十多欧元，要知道这样品质的内衣在欧洲要卖几百上千欧元。有这么好的质量和价格优势，为什么没有占据国外市场呢？"

　　因为他们不能确定这件衣服在设计、制造环节，有没有损公德心的地方。比如，它是不是童工做出来的？它是不是由一个病重的工人超时加班生产出来的？在制造衣服的时候污水排放是否严重影响自然环境？有调查表明，84％的荷兰人、89％的美国人在购买商品时都会考虑企业是否有社会责任方面的疵点。许多跨国公司在订单中要加入社会责任条款，要求"验厂"。

　　社会责任的"经济意义"，第一次这样赤裸裸地摆在中国企业家面前。没有国际上对自己企业社会责任的认可，再好的质量也无法在高端市场占有一席之地。

　　这仅仅是体现在经贸往来上的一则故事，但它却不能不引起我们每一个人的思索，什么是社会公共道德，我们每一个人是不是该问一下自己的内心，有没有公德心？

◎【品味经典】

### 1. 每一名党员干部都要坚守"三严三实"
——习近平在庆祝中国共产党成立 95 周年大会上的讲话

坚持不忘初心、继续前进，就要保持党的先进性和纯洁性，着力提高执政能力和领导水平，着力增强抵御风险和拒腐防变能力，不断把党的建设新的伟大工程推向前进。

办好中国的事情，关键在党。中国特色社会主义最本质的特征是中国共产党领导，中国特色社会主义制度的最大优势是中国共产党领导。坚持和完善党的领导，是党和国家的根本所在、命脉所在，是全国各族人民的利益所在、幸福所在。

我们党作为一个有 8800 多万名党员、440 多万个党组织的党，作为一个在有着 13 亿多人口的大国长期执政的党，党的建设关系重大、牵动全局。党和人民事业发展到什么阶段，党的建设就要推进到什么阶段。这是加强党的建设必须把握的基本规律。

先进性和纯洁性是马克思主义政党的本质属性，我们加强党的建设，就是要同一切弱化先进性、损害纯洁性的问题作斗争，祛病疗伤，激浊扬清。全党要以自我革命的政治勇气，着力解决党自身存在的突出问题，不断增强党自我净化、自我完善、自我革新、自我提高能力，经受"四大考验"、克服"四种危险"，确保党始终成为中国特色社会主义事业的坚强领导核心。

治国必先治党，治党务必从严。如果管党不力、治党不严，人民群众反映强烈的党内突出问题得不到解决，那我们党迟早会失去执政资格，不可避免被历史淘汰。管党治党，必须严字当头，把严的要求贯彻全过程，做到真管真严、敢管敢严、长管长严。

严肃党内政治生活是全面从严治党的基础。党要管党，首先要从党内政治生活管起；从严治党，首先要从党内政治生活严起。我们要加强和规范党内政治生活，严肃党的政治纪律和政治规矩，增强党内政治生活的政治性、时代性、原则性、战斗性，全面净化党内政治生态。全党同志要增强政治意识、大局意识、核心意识、看齐意识，切实做到对党忠诚、为党分忧、为党担责、为党尽责。

党的作风是党的形象，是观察党群干群关系、人心向背的晴雨表。党的作风正，人民的心气顺，党和人民就能同甘共苦。实践证明，只要真管真严、敢管敢严，党风建设就没有什么解决不了的问题。作风建设永远在路上。"己不正，焉能正人。"我们要从中央政治局常委会、中央政治局、中央委员会抓起，从高级干部抓起，持之以恒加强作风建设，坚持和发扬党的优良传统和作风，坚持抓常、抓细、抓长，使党的作风全面好起来，确保党始终同人民同呼吸、共命运、心连心。

我们党作为执政党，面临的最大威胁就是腐败。党的十八大以来，我们党坚持"老虎"、"苍蝇"一起打，使不敢腐的震慑作用得到发挥，不能腐、不想腐的效应初步显现，反腐败斗争压倒性态势正在形成。反腐倡廉、拒腐防变必须警钟长鸣。各级领导干部要牢固树立正确权力观，保持高尚精神追求，敬畏人民、敬畏组织、敬畏法纪，做到公正用权、依法用权、为民用权、廉洁用权，永葆共产党人拒腐蚀、永不沾的政治本色。我们要以顽强的意志品质，坚持零容忍的态度不变，做到有案必查、有腐必惩，让腐败分子在党内没有任何藏身之地！

伟大的斗争，宏伟的事业，需要高素质干部。我们要坚持德才兼备、以德为先，坚持五湖四海、任人唯贤，坚持事业为上、公道正派，坚决防止和纠正选人用人上的不正之风，把党和人民需要的好干部精心培养起来、及时发现出来、合理使用起来。

以德修身、以德立威、以德服众，是干部成长成才的重要因素。每一名党员干部都要坚守"三严三实"，拧紧世界观、人生观、价值观这个"总开关"，做到心中有党、心中有民、心中有责、心中有戒，把为党和人民事业无私奉献作为人生的最高追求。各级领导干部要加快知识更新、加强实践锻炼，使专业素养和工作能力跟上时代节拍，避免少知而迷、无知而乱，努力成为做好工作的行家里手。

——摘自《人民日报》，2016 年 7 月 2 日第 2 版

生活是欺骗不了的，一个人要生活得光明磊落。

——冯雪峰

## 2. 天下之人相互关爱——《墨子·兼爱》社会公德的理论基础

当察乱何自起，起不相爱。臣子之不孝君父，所谓乱也。子自爱不爱父，故亏父而自利；弟自爱不爱兄，故亏兄而自利；臣自爱不爱君，故亏君而自利；此所谓乱也。虽父之不慈子，兄之不慈弟，君之不慈臣，此也天下之所谓乱也。父自爱也，不爱子，故亏子而自利；兄自爱也不爱弟，故亏弟而自利；君自爱也，不爱臣，故亏臣而自利。是何也？皆起不相爱。

虽至天下之为盗贼亦然。盗爱其室，不爱异室，故窃异室以利其室；贼爱其身，不爱人身，故贼人身以利其身。此何也？皆起不相爱。

虽至大夫之相乱家，诸侯之相攻国者亦然。大夫各爱其家，不爱异家，故乱异家以利其家；诸侯各爱其国，不爱异国，故攻异国以利其国。天下之乱物，具此而已矣。察此何自起？皆起不相爱。

若使天下兼相爱，爱人若爱其身，犹有不孝者乎？视父兄与君若其身，恶施不孝？犹有不慈者乎？视弟子与臣若其身，恶施不慈？故不孝不慈亡有。犹有盗贼乎？故视人之室若其室，谁窃？视人身若其身，谁贼？故盗贼亡有。犹有大夫之相乱家，诸侯之相攻国者乎？视人家若其家，谁乱？视人国若其国，谁攻？故大夫之相乱家，诸侯之相攻国者亡有。若使天下兼相爱，国与国不相攻，家与家不相乱，盗贼亡有，君臣父子皆能孝慈，若此则天下治。

故圣人以治天下为事者，恶得不禁恶而劝爱！故天下兼相爱则治，交相恶则乱。故子墨子曰，"不可以不劝爱人"者，此也。

### 【译文】

试考察混乱从哪里产生，起源于人与人不相爱。臣与子不孝敬君和父，就是所谓混乱。儿子爱自己而不爱父亲，因而损害父亲以自利；弟弟爱自己而不爱兄长，因而损害兄长以自利；臣下爱自己而不爱君上，因而损害君上以自利；这就是所谓的混乱。反过来说，父亲不慈爱儿子，兄长不慈爱弟弟，君上不慈爱臣下这也是天下所谓的混乱。父亲爱自己而不爱儿子，所以损害儿子以自利；兄长爱自己而不爱弟弟，所以损害弟弟而自利；君上爱自己而不爱臣下，所以损害臣下以自利，这是为什么呢？都是起源于不相爱。

即使在天下做小偷和强盗的人也是这样，小偷只爱自己的家，不爱别人的家，所以偷取别人的家以利自己的家；强盗只爱自身，不爱别人，所以残害别人以利自身，这是为什么呢？都是起于不相爱。

即使大夫相互侵害家族，诸侯相互攻伐封国，也是这样。大夫各自爱他自己的家族，不爱别人的家族，所以损害别人的家族以利他自己的家族；诸侯各自爱他自己的国家，不爱别人的国家，所以损害别人的国家以利他自己的国家。天下混乱的事情，全都摆在这里了，细察这些从哪里产生的呢？都起源于互相不爱。

假使天下都能相亲相爱，爱别人就像爱自己，还能有不孝的吗？看待父亲兄长及君上像自己一样，怎么会做出不孝的事情呢？还有不慈爱的吗？看待儿子、弟弟及臣子像看待自己一样，怎么会做出不慈爱的事情呢？这样不慈爱就没有了。还有强盗和贼寇吗？看待别人的家像自己的家一样，谁还盗窃？看待别人就像自己一样，谁还害人？所以强盗和贼寇就没有了。还有大夫间相互侵害、诸侯间相互攻伐的吗？看待别人的家族就像自己的家族一样，谁还侵害？看待别人的国家就像自己的国家一样，谁还攻伐？所以大夫相互侵害家族，诸侯相互攻伐封国，就没有了。假使天下的人都相亲相爱，国家与国家之间互相不在攻伐，家族与家族之间不在侵害，没有了强盗与贼寇，君臣父子之间都能孝敬慈爱，像这样，天下就治理好了。

所以圣人既然是治理天下为职业的人，怎么能不禁止互相仇恨而劝导相爱呢？因为天下相亲相爱就能治理好，相互仇恨就会混乱，所以我们老师墨子说："不能不劝导爱别人。"道理在此。

——摘自《墨子·兼爱》

199

高行微言，所以修身。

——黄石公

### 3. 智慧、私德与公德——福泽谕吉的智慧与道德观

德就是道德，西洋叫做"Moral"，意思就是内心的准则。也就是指一个人内心真诚、不愧于屋漏的意思。智就是智慧，西洋叫做"Intelect"，就是指思考事物、分析事物、理解事物的能力。此外，道德和智慧，还各有两种区别。第一，凡属于内心活动的，如笃实、纯洁、谦逊、严肃等叫做私德。第二，与外界接触而表现于社交行为的，如廉耻、公平、正直、勇敢等叫做公德。第三，探索事物的道理，而能顺应这个道理的才能，叫做私智。第四，分别事物的轻重缓急，轻缓的后办，重急的先办，观察其时间性和空间性的才能，叫做公智。因此，私智也可以叫做机灵的小智，公智也可以叫做聪明的大智。这四者当中，至关重要的是第四种的大智。如果没有聪明睿智的才能，就不可能把私德私智发展为公德公智。相反地，偶尔还会有公私相悖互相抵触的情况。自古以来，虽然没有人把这四者明确地提出来讨论，但是，从学者的言论或一般人日常谈话中，仔细琢磨其意义，便能发现这种区别确实是存在着的。

……

道德是人的品质，它的作用首先影响一家。主人的品质正直，这一家人就自然趋向正直，父母为人温和，子女的性情也自然温和。偶尔亲戚朋友之间，彼此规劝，也能进入道德之间，但是，仅以忠言相劝使人为善的作用毕竟是极其狭窄的。也就是说，仅靠道德是不可能做到家喻户晓，尽人皆知。智慧则不然，如果发明了物理，一旦公之于世，立刻就会轰动全国的人心，如果是更大的发明，则一个人的力量，往往可以改变全世界的面貌。例如，詹姆斯·瓦特发明蒸汽机，使全世界的工业面貌为之一新；亚当·斯密发现了经济规律，全世界的商业因之改变了面目。传播的方法，可以通过口述，也可以利用书面。听到这种口述或者看到这种著作，而能实地施行的人，也就和瓦特、斯密一样。所以，昨天的愚人就能成为今天的智者，世界上可以产生几千几万个瓦特和斯密。其

传播之速和推行范围之广，绝不是用一个人的道德规劝家族朋友所能比拟的。

有人说，陶玛斯·克拉逊毕生努力废除了社会上贩卖奴隶的坏法律；约翰·华德消除了监狱的黑暗，这都是道德的力量，不能不说是功德无量。我回答，诚然不错。这两人化私德为公德，实在功德无量。当这两人历尽千辛万苦，想尽方法，或著书或疏财，克服艰难险阻，终于感动社会人心，完成了他们的伟大事业，这与其说是私德的功绩，不如说是聪明睿智的作用。两人的功业虽然伟大，但是根据社会上一般人的观念来解释德字的意义，单纯地来看道德，则不外乎是舍身救人的行为。假如这里有个仁人看到儿童落井，为了救这个儿童，牺牲了生命；而约翰·华德为了拯救数万人，也牺牲了生命，如果把这两人的恻隐之心作一比较，是没有大小区别的。所不同的是前者为拯救一个儿童，后者是为拯救数万人，前者立了一时的功德，而后者留下了万代的功德。至于牺牲生命这一节，两者之间，在道德上是没有轻重之分的。

华德之所以能拯救数万人，留下万代的功绩，是由于依靠了他的聪明睿智而发挥了私德的作用，扩大了功德的范围。所以，上述这位仁人是只有私德，而缺乏公德公智的人，而华德则是具备公私德智的人。说一个比喻，私德如同铁材，智慧如同加工，未经加工的铁材，只不过是坚硬沉重的东西，如果稍微加工，作成锤子或铁锅，就具有锤子和铁锅的功能。如果再进行加工，制成小刀或锯，就有小刀和锯的功能。如果更以精巧的技术进行加工，巨大的可以制成蒸汽机，精细的可以制造表弦。如果以大锅和蒸汽机比较，谁能不认为蒸汽机的功能大而可贵呢？为什么认为蒸汽机可贵呢？并不是因为大锅、蒸汽机的铁材不同，而是认为加工可贵。如果只从铁制品的原料来看，大锅、机器、锤子、小刀都完全相同，然而，在这些物件之中所以有贵贱的区别，是由于加工的程度不同而已。权衡智德的对比关系也是如此。不论是拯救儿童的仁人，或是约翰·华德，单从他们的道德本身来看，是没有轻重大小区别的。但是，华德对这个德行进行了加工，把它的功能扩大了。这个加工就是智慧的作用。

所以，评论华德的为人，不能只称他是有德的君子，应该称他为智德兼备，甚至是聪明智慧冠绝古今的人物。假使这个人缺乏智力，一辈子只是蛰居斗室，抱着一本圣经读到老死，他的德行也许可能感化了妻子，也许连妻子都感化不

201

我深信只有有道德的公民才能向自己的祖国致以可被接受的敬礼

——（法国）卢梭

了。如果这样，又怎能有如此宏愿，而横扫了整个欧洲的坏风气呢？所以说，私德的功能是狭窄的，智慧的作用是广大的，道德是依靠智慧的作用，而扩大其领域和发扬光大的。

——摘自（日本）福泽谕吉《文明论概略》，商务印书馆，1982年版

◎【故事里的事】

## 1. 习主席为何对这个民兵先进事迹作出重要指示

中共中央总书记、国家主席、中央军委主席习近平近日对王继才同志先进事迹作出重要指示强调，王继才同志守岛卫国 32 年，用无怨无悔的坚守和付出，在平凡的岗位上书写了不平凡的人生华章。我们要大力倡导这种爱国奉献精神，使之成为新时代奋斗者的价值追求。8 月 6 日的《新闻联播》进行了播报。

因为对老政委的一句承诺，他离乡背井，扎根荒岛。

1986 年 7 月，还是小伙子的王继才第一次登岛，整整 32 年，他默默守护着黄海前哨，未曾退缩一步。

开山岛位置孤绝，环境恶劣，位于我国黄海前哨。距离连云港市 20 海里，距离燕尾港 12 海里，面积仅 0.013 平方公里，只有两个足球场大。1939 年，日军攻占连云港就是以此为跳板，战略位置十分重要。1985 年部队撤编后，设民兵哨所。当时岛上无电无淡水无居民，除了几排空荡荡的营房便只剩下肆虐的海风。灌云县人武部曾先后派出 10 多个民兵守岛，但因条件艰苦，最长的只待了 13 天，都不愿长期值守。

1986 年 7 月，人武部政委找到王继才，他接受了守岛任务，瞒着家人上了岛。全村最后一个知道他守岛消息的，是他的妻子王仕花。当王仕花来到岛上，看着胡子拉碴的丈夫，她的眼泪夺眶而出：“别人不守，咱也不守，回家去吧！”王继才对妻子说：“你回吧，我决定留下！守岛就是守家，国安才能家安。”没想到，几天后王仕花辞掉了小学教师工作，把两岁的女儿托付给老人，上岛与丈夫一起守岛，这一守就是 32 年。

2015 年 2 月 11 日，军民迎新春茶话会在北京举行，习主席在茶话会前亲

203

因为道德是做人的根本。根本一坏，纵然使你有一些学问和本领，也无甚用处。

——陶行知

切会见全国双拥模范代表。座谈时，王继才就紧挨着坐在习主席身边。

王继才生前曾回忆当天的情形，他激动不已："习主席非常平易近人，问了我子女的情况、开山岛的情况，告诉我有困难就向组织反映。他还拍着我肩膀说守岛辛苦了，祝我们全家新年快乐！"

王继才当场向习主席承诺："请主席放心，我一定把开山岛守好！"

这是一个老民兵对习主席的承诺，也是他这一生的写照。他以自己独有的方式践行了生前的这句话。

32年来，他在台风的巨大冲击力中坚守，他在孤独寂寞的黑夜中坚守，他在夏日高温高湿、冬季寒风刺骨的小岛上坚守，上报了许多重要的海防信息，出色完成了战备值勤任务。

海防日志里，升国旗、巡岛、观天象、护航标，这是夫妻俩32年来每天都要重复做的事情，而每天第一件事就是升国旗。天刚蒙蒙亮，他俩就在小操场上举行两个人的升旗仪式，王继才当升旗手，王仕花庄重敬礼。王继才对记者说："开山岛虽小，但必须每天升起国旗。"

岛上风大湿度大，太阳照射强烈，国旗很容易褪色破损，守岛32年，夫妻俩自己掏钱买了数百面国旗。

夫妻俩就这样每天升旗、巡逻、瞭望，看管航标、测风仪……雨天，也毫不松懈。岛上风大路滑，夫妻俩就用绳子把自己系在一起，若是一人掉下海，另一个人还能及时把对方救起来。日复一日地重复着相同的工作，极目四望，只有茫茫海水。偶尔经过一条渔船，就能让他俩欣喜不已。两条狗，几只鸡，是他们在岛上唯一的陪伴。

当年，妻子王仕花在岛上生子，因台风下不了岛，王继才自己操起剪刀，剪断儿子的脐带，并给儿子取名"志国"，寓意民兵战士的后代要心怀祖国。令王继才夫妇俩欣慰的是，儿子研究生毕业后成了一名现役军官，接过了保家卫国的钢枪。

7月27日21时20分，这位曾受到习主席亲切会见的海防前哨老民兵王继才不幸病逝在他坚守32年的小岛上

一朝上岛，一生卫国。以孤岛为家，与海水为邻，和孤独做伴。他用实

际行动践行了承诺，把一生奉献给了祖国的海防事业。

——摘自《共产党员网》，2018 年 8 月 8 日

## 2. 永远做人民的好儿子——梁雨润

作为一名基层纪检监察干部，我是凭着一个共产党员应有的党性和对人民群众朴素的感情，做了一些自己应该做的事情，而且有许多并没有完全做好，组织上就给了我这么多的荣誉，同志们就给了我这么高的评价，确实让我深感不安。我一定会牢牢地记住领导和同志们对我的鼓励与鞭策。

我是一个农民的儿子梁雨润。在十二三岁时，就有过在黄河滩背沙子卖钱的艰苦经历，有过自家明明吃不饱肚子，但我当村长的父亲却把粮食送给乡亲的深刻记忆。也正是从那个时候起，我从繁重的劳动中体验到了农民的艰辛，从父亲的慷慨中懂得了什么样的人才配叫做共产党员。自从走上领导岗位后，我时常暗暗告诫自己，一定要尽心尽力办好人民的事情。

官宁可不当，老百姓的事不能不办。1998 年 6 月 18 日是我到夏县工作的第六天，也是夏县要召开党代会选举我这个新任纪委书记的前一天。那天早上，我在阅处群众来信时，看到农民胡正来的一封控诉信，说县法院法警队强行提走他 17000 元的养老钱，他上访告状两年多没有结果，绝望中只想以死来抗拒社会的不公。我当即决定到这位农民家里了解情况。但当我的车走到半路时，司机的传呼机接到了县委办公室的通知，要我们这些新任职的同志马上到县宾馆和各乡镇的党代表见面。这时，和我同行的同志好心地劝我先把这件事情放一放，等选举完了再办也不迟。我理解他的心意，也知道自己新来乍到，在开会之前和大家见见面，认识认识，确实很有必要。但是一想到胡正来的事情已经拖了两年多，而且我们已经走到半路，如果仅仅因为怕丢几张选票，就半途而废地返回去，那我又怎么能对得起这位老百姓啊！

当我走进半山腰上胡正来家那破败的院落，踏进他那黑乎乎的窑洞，当

在教师手里操着幼年人的命运，便操着民族和人类的命运

——陶行知

我听着胡正来凄惨的哭诉，看到精神已经失常的胡正来老伴，我的拳头捏出了汗水。为什么胡老汉控诉的这样一个情节并不复杂的案子，会牵扯到这么多人呢？为什么胡老汉跑了两年多，告了上百次没有结果呢？当我铁下心要办这个案子的时候，涉案人自恃有着强硬的后台，纠集各方势力，用尽各种手段来对付我们。先是来自上下左右的说情，无效后便是色厉内荏的恐吓。我们办案人员家中半夜会接到恐吓的电话，有位同志家里的窗户玻璃被从天而降的砖块砸得粉碎。"梁雨润，你少管闲事，不然小心收拾你"，威胁的电话也打到了我运城的家里。调查组不怕恐吓，冲破了重重阻力，查处了此案。

一个月后，当我们召开公处大会，宣布对涉及此案的 10 名违法违纪人员分别予以开除党籍、开除公职、移交司法机关处理等决定时，满会场响起久不息的掌声。从这掌声中，我掂量出，人民群众是对我们工作满意不满意的最高裁决者。

从胡老汉一案开始，接下来的三个多月时间里，我们县纪委就受理农村老百姓信访案件 124 起，并又突破了一起 5 名执法人员合伙欺负果农的司法腐败案件。也就是在这次公处大会上，人民群众齐声喊出了"共产党万岁"的口号。当时，我心里久久不能平静：我们的权力是党和人民给的，没有人民的选举，没有党组织的任命，我们哪来的权力呢？作为纪委书记，我不过是立足本职，做了一些自己应该做的事情，为什么能够产生这么大的反响？这件事，让我想了很多，想了许久，使我受到很大的震动和教育。

这些年来，常常是因为接一个案子，老百姓要向我下跪，案子处理有了结果，老百姓又要向我磕头。每当这个时候，我感到十分惭愧，我真想大声说一句："不对，应该下跪的不是你们，而是我们这些靠人民养活的公仆们！"群众利益无小事。我常想，我们当干部就是人民的公仆，只要我们弯下身子，去听听老百姓的呼声，再花些时间和精力解决老百姓的问题，再深的积怨也能化解，再大的问题也能解决。

立足本职，永葆朝气，再添锐气，一身正气，永远为老百姓办实事、办好事，永远做人民的好儿子！

——摘自《中国监察》

### 3. 美丽女孩刁娜的义举

2011 年 11 月 11 日，在山东省龙口市人民医院，因救人被车撞伤的龙口姑娘刁娜在出院前做的最后一件事，就是坐着轮椅，去看望她救下的王园园，把社会各界捐给她的 1 万元善款转赠给她。

连日来，24 岁的刁娜在滚滚车流中勇救伤者的故事迅速传开，在网上她被称作"最美女孩"。刁娜的义举，让一场有着流血和受伤的悲剧，有了温情的结局：受伤者、施救者、肇事者三方因此结缘，相互鼓励共渡难关。这一刻，让人感受到了善良的力量，也激发着全社会向善的力量。

10 月 23 日临近傍晚，龙口市飘起了细雨，骑电动车下班的王园园在通海路富龙搅拌站附近被撞倒在地，头上、身上都是血。

刁娜和丈夫开车经过此地，看到了倒在路中央的王园园。"这里车来车往，司机一不留神可能会再次撞上她。"为了避免受伤的王园园遭受二次伤害，两人立刻停车施救，打手势、喊话，指挥过往的车辆绕开王园园，同时拨打 120 急救电话。

几分钟里，10 多辆车在刁娜的指挥下绕行。天渐黑，丈夫刚上车去拿提示牌，就听到"砰"的一声，他赶紧下车，发现刁娜被一辆轿车撞倒在地。

经诊断，刁娜右腿严重骨折。被及时救治的伤者王园园，虽然脑部、耳膜和肋骨等多处受伤，但因抢救及时，已脱离了危险，而刁娜为此付出了一条腿重伤的代价。

这起车祸打破了刁娜平静的生活。

"一下子来这么多的媒体，我很不适应。"突然面对数十家媒体的轮番采访"轰炸"，刁娜表示，自己只是一个普通人，"说我'以身挡车'有点过了"。刁娜解释，"当时看到车祸有人受伤后，我在路中间距离受伤者 10 多米，疏导过往车辆，防止受伤者再次受伤，突然一辆吉利轿车要强行超前面的车，一眨眼的工夫，车已经来到我面前了。"

太阳底下再没有比教师这个职务更高尚的了。

—— (捷克) 夸美纽斯

在刁娜的病房，有一位中年女子跑前跑后地忙活，起初我们以为她是刁娜的亲属，经询问之后才知道，她是肇事者的母亲杜女士。她对记者说："当时，天阴得厉害，我儿子因对面车开大灯刺眼看不清误撞了刁娜……她伤成这样，我心里很过意不去。"

杜女士说，如果不是刁娜挡在面前，儿子的车要是撞到已经受伤的王园园，那后果将不堪设想："刁娜是个好人，我儿子伤了她，我们全家必须无条件地补偿她。"

在刁娜养伤的日子里，杜女士顾不上照顾怀孕的儿媳，代白天要上班的儿子天天来刁娜病房送饭陪床，她的儿子和丈夫也多次来医院看望、道歉。杜女士的行为感动了刁娜的家人："她也很不容易，我们已原谅肇事司机了。"

王园园的丈夫戴勇业，更是对刁娜的义举感动不已。"刁娜成就了我们一个完整的家庭，那个时段是车流高峰期，如果不是刁娜，后果真是不堪设想。"戴勇业说，他的母亲在家照顾3岁的孩子，他自己要照顾妻子，没有时间天天来看刁娜，但他们永远忘不了刁娜的救命之恩。

"这种事情每个人都能做，就看有没有心！"说起将社会善款转赠给王园园时，刁娜再一次重申自己的观点，"我就是一个普通人，做了一件普通的事情。"

——摘自《人民日报》，2011 年 11 月 14 日

## 4. 一针一线织出爱心的贵阳"社区干妈"

宋振纹踩动着缝纫机的踏板，动作干净利索，不一会儿裤脚卷好了，收过顾客递过来的 2 块钱，投进一个做工简陋、写着"献爱心，投币箱"的小木箱里，"我也不宽裕，只有靠慢慢地积攒，才能拿出钱来帮助别人"。

58 岁的宋振纹，是贵州省贵阳市的一名普通下岗女工，十几年来，依靠缝纫、洗烫维生——换一条拉链 5 元钱，卷个裤边儿 2 元钱。但她却从自己一针一线织出的微薄收入中，硬是挤出钱来，给无数人带去了希望和温暖，也给自己带来了欢乐。

1998 年，宋振纹从贵州鼓风机厂下岗，一个月只能领取 208 元的生活补贴，为了生计，她买来一台缝纫机，靠接一些缝缝补补的活过日子。后来，在社区帮助下，她开了一家小洗烫店，悉心经营，生意红火起来，全家人的生活才有了好转。

得到组织帮助的她开始回报社会。宋振纹说，我们都应该有一颗感恩的心，社会曾经帮助过我，在我有能力的时候，我就应该帮助更多的人。这么多年来，做过多少好事、捐献过多少财物，她甚至都已记不清楚，因为这个，宋振纹被称为"社区干妈"。

近日，在一个不足 10 平方米的小缝纫店里，记者见到了正趴在缝纫机前忙活的宋振纹。她正认真地统计着一笔捐款，"别人信任我，我就要为这些善款负责，账目不能出一点差错"。

16 岁的贵阳女孩龙亚美 4 年前不幸患上骨瘤，由于家境贫寒，无钱治病。走投无路的情况下，找到了社区的"爱心干妈"宋振纹。

"阿姨，我的出身没法选择"，"阿姨，我还想继续读书"，龙亚美简单的两句话让宋振纹潜然泪下，她决定，即使再难，也要筹钱帮助这个可怜的女孩。随后，宋振纹和社区街坊一起走上街头为她募捐，怕别人不信任，她始终戴着党徽。历尽周折，共计为龙亚美筹集到 11 万余元。

2008 年初，贵州遭遇了特大雪凝灾害，交通中断，宋振纹把来自四川、福建等不能回家过年的 6 名大学生接到自己家中过年……如今，这 6 名大学生都已经走上了工作岗位，而他们始终惦念着善良的"干妈"。

"从电视里看到你拖着寒冷而瘦弱的身躯和发抖的双手向路人给美美捐助，我内心深受感动，眼内含着泪花心里暗下决心，有机会来到你的身边和你一起去帮助需要帮助的人。"这是一位贵阳市民写给宋振纹的信。

宋振纹说，从来没有想过自己做的这些事，能引起这么大的关注，还能收到来信，原来这个社会并不冷漠，还是好人多。

在宋振纹的家里，记者看到了各种荣誉证书、奖章、锦旗。她说，这就是我留给子女的最好财富，"一颗善良的心，助人为乐的坚定信仰"。

——佚名 / 文

是故善为师者，既美其道，有慎其行。

——（西汉）董仲舒

## 5. "疫"线战士：钟南山、李兰娟、张定宇、张文宏

### 钟南山院士

2002 年非典最初爆发时，广东省政府并未发布相关的消息对疾病做出解释，民间更是出现了怪病致病的谣言，一时间使得人心惶惶。钟南山院士曾连续工作 38 个小时，当时的他面对疫情患者，只说了一句："把重病患者都送到我这里来。"

八年后的新冠状病毒爆发，钟南山院士告诫我们不要去武汉，而自己却挤在广州去武汉的高铁餐车上，到达一线战场。

今年 84 岁的钟南山院长在知晓疫情后义无反顾地奔向了前线，从广州到武汉再到北京，连日来，实地了解疫情、研究防控方案、上发布会、连线媒体直播、解读最新情况……他的工作和行程安排得满满当当。

在接受新闻采访的时候，他满眼泪目坚定的说："武汉，本来就是一个很英雄的城市！武汉是能够过关的！"

### 李兰娟院士

说到武汉封城，不得不提到李兰娟。1 月 22 日，李兰娟团队建议武汉必须严格封城。

记者问她，"当时您做了怎样的研判？因为这个决定不是个小决定，尤其在春运这样一个背景之下。"

李兰娟耿直的回答，"因为疫情已经到了刻不容缓的程度，只有严格控制传染源，才能不让传染病发生大流行。"

2 月 2 日凌晨，李兰娟团队主动请缨抵达武汉，她出征时曾说："我打算长期在武汉，与那里的医务人员共同奋斗。"

封城是一个艰难的决定，也让李兰娟院士本人陷入了一旦有任何闪失，提

出建议的人将被无数人口诛笔伐的境地，但她不为所动，为了阻止疫情传播，她选择了义无反顾。

2月4日，李兰娟团队在武汉公布治疗新型冠状病毒感染的肺炎的最新研究成果。

记者心疼她，说你一定要好好保重身体。

李兰娟院士却说，没有问题，我身体还是蛮好的。

### 张定宇院长

他是武汉市金银潭医院党委副书记、院长，也是在疫情抗击的最前沿奋战的人。金银潭医院是武汉最大的专科传染病医院，目前收治的全部为转诊确诊的患者。

在疫情中"逆行"的这段时间里，张定宇往往凌晨2点刚躺下，4点就得爬起来，接无数电话，处理各种突发事件。

但不为人知的是，他是一个渐冻症患者。平时他走路不太利索，同事们都以为他只是膝盖不好，其实只有张定宇自己知道，他在2018年被确诊了渐冻症。这是一种罕见的绝症，又称肌萎缩侧索硬化（ALS），无药可治。早期，患者可能只是感到有一些无力、肉跳、容易疲劳。渐渐地，就会进展为全身肌肉萎缩和吞咽困难，直至产生呼吸衰竭。

明知道自己的病情，他依旧坚定地面对着镜头说："如果你的生命开始倒计时，就会拼了命去争分夺秒做一些事！"

就在他日夜扑在一线，为重症患者抢出生命通道时，同为医务人员的妻子，却因新型冠状病毒感染，在十几公里外的另一家医院接受隔离治疗。

"我很内疚，我也许是个好医生，但不是个好丈夫。我们结婚28年了，我也害怕，怕她身体扛不过去，怕失去她！"

### 张文宏主任

张文宏是上海医疗救治专家组组长、华山医院感染科主任，而现在的他被

211

德不近佛者不可以为医，才不近仙者不可以为医。

——裴法祖

网友们称为"网红医生。"因为他在一次采访中说:"人不能欺负听话的人,把所有一线的人换下来,共产党员上,没有讨价还价!"

每一次张文宏医生的采访,他总能说到最核心的点,言简意赅。

当被问到一线医务人员,他是这样回答的:医务工作者现在最缺乏的是关心,我就明确和大家讲。第一关心是防护,第二是疲劳,第三是工作环境,我觉得一定要跟上。如果跟不上,就说明没有把医务人员当人,只是当机器。医务人员没有受到伤害了,做起事来才会有劲。

当提到企业家捐款,他表示:新冠肺炎疫情期间,不需要企业再向医院捐献物资了,我希望企业老板,给那些在复工期间在家中隔离或者工作的员工,正常发放工资。

当记者问到疫情现状,他呼吁:现在开始,每一位都是战士,这点很重要。我们只要闷两个星期,就把病毒闷死了!你现在在家里,在干什么呢? 你在家不是隔离,你是在战斗啊!你觉得很闷,病毒也被你闷死了啊!

——摘自《人民网》,2020 年 3 月 1 日

# 6. 无怨无悔的谭竹青

谭竹青是迄今为止全国社区工作领域中唯一荣获"社区工作者楷模"殊荣的优秀干部。谭竹青的一生诠释了"立党为公、执政为民"的深刻内涵,诠释了一名基层社区干部对社区工作"既然选择、无怨无悔"的执著追求。

谭竹青是吉林省长春市人,1931 年生,小学文化程度,生前系长春市二道区东站街道十委社区党委书记、居委会主任。谭竹青曾任长春市郊区大屯镇妇女主任,西新乡副乡长、妇女主任,从 1956 年起,开始担任居民委员会主任工作。

谭竹青在长春市二道区东站街道十委社区工作长达 48 年。1978 年,改革开放春风劲吹,当看到社区居民买早餐排长队的情景时,谭竹青决定发展委办

经济。没有资金，谭竹青就把家里仅有的 450 元积蓄拿出来。为了节约每一分钱，谭竹青带领委里的老干部自己干。他们拉着手推车起早贪黑，走街串巷捡砖头，到河里挖沙子，办起了十委社区第一个买卖——"如意小吃部"。此后，谭竹青带领大家又先后办起了服装厂、制鞋厂、印刷厂、皮革加工厂等大小 17 个企业，不仅没向国家要一分钱，没向银行贷一笔款，而且还向国家交纳税金几百万元。应得的奖金，谭竹青一分也不拿，全部用在十委社区发展经济和救济困难户上。

20 世纪 80 年代初，十委社区附近还没有一家幼儿园，无人看管的小孩就只能在街道上玩耍打闹，谭竹青看不得孩子们受苦，立即找人设计幼儿园的图纸。然而实地选址测量时，正好需要拆掉她家的半间房，谭竹青家 25 平方米的房子被拆掉了一半。1984 年，十委社区的第一个幼儿园建起来了。1987 年，在谭竹青的努力下，长春市第一家由居委会开办的养老院落户在十委社区，解决了孤寡老人生活照顾难的问题。

20 世纪 90 年代，63 岁的谭竹青开始为十委社区建房四处奔走。1994 年，十委社区被列入棚户区的改造名单。到 2005 年，已经有近 4000 户居民住上了新楼房。谭竹青一家随最后一批回迁居民搬入新居。

213

谭竹青用"燕子垒窝"的精神，从一点点的小事做起，一步步改变着十委社区的面貌。拆除棚户区、修路、种草、栽树、修花坛、盖凉亭，建起社区服务中心，昔日"都市里的村庄"彻底改变了模样。

谭竹青始终把居民利益放在第一位。谭竹青所在的十委社区居民中有90% 以上都是贫困人群，下岗职工多，接受低保救济的人多。在这种状况下，谭竹青竭尽所能，举办了美容理发、服装裁剪、家政、烹调等培训班，使下岗职工掌握一技之长，在努力拓宽街委企业、社区服务网点等就业渠道的同时，她还鼓励下岗职工自创事业，生产自救，先后安置了 1000 多名下岗职工，使社区居民"虽下岗，不失业"，生活得到了基本保障。

谭竹青视社区居民为亲人，把党和政府的关怀送到千家万户，家长里短他调解，贫困人群她接济，失足青年她帮教……走百家门、知百家情、解百家难、暖百家心，谭竹青成为居民群众的贴心人，被人们亲切誉为"小巷总理"。

以为人命至重，有贵千金。

——（唐代）孙思邈

几十年来，谭竹青就像一块磁石，吸引着十委社区的居民，有的居民在单位分了新房却不愿意搬走，有搬走的又搬了回来，甚至有不少外区居民专门到十委买房子。

2005 年 12 月 3 日，谭竹青不幸病逝。长春市成千上万的干部群众自发为她送行。谭竹青先后被授予"全国优秀党务工作者"、"全国劳动模范"、全国优秀居委会主任"孺子牛"奖、全国"三八"红旗手、"全国优秀社区工作者"、"全国模范人民调解员"等 170 多项称号。

——张颖／文

## 7. 王燕：孤残儿童的贴心妈妈

王燕，女，1965 年 7 月生，1998 年 8 月入党，儿童福利院重残室班长，近年来先后获得"民政系统优秀党员"等荣誉称号。

她爱岗敬业，精心救护孤残儿童。重残室里的孩子以大龄孩子居多，其中 85% 的孩子生活不能自理。王燕每天要把他们抱上抱下，帮他们洗澡换衣，给他们喂饭。有的孩子刚换上干净衣服，一转眼又把大小便拉在身上，于是又要重新洗澡换衣。超强度的工作经常累得她腰酸背疼，连走路的力气也没有。但孤残儿童期盼的眼神、共产党员的崇高信念始终激励着她，全身心地投入到工作中去。

她奉献爱心，乐做孤残儿童的贴心妈妈。王燕始终把孤残儿童当做自己的孩子，让她们重享母爱的温暖。孤残儿童虞某刚进院时，满身都是红色斑疹，背部、腹部、臀部还绑着一块木板，无法站立。他来到重残室的第二天，王燕便为他制定了一套康复计划，天天帮助他练习站立、抬腿、跨步、扶立……经过一年多的康复，虞某已经能够独自走路，在儿福院幸福快乐地成长。

她爱院如家，为孤残儿童营造温馨家园。为了让孩子们有个干净的活动场地，每天她都提前到院，安顿好孩子们后，就在园中打扫卫生，扫去草坪上的落叶，抹去活动器材上的灰尘。当孩子们排队到乐园中玩耍时，她已经忙得满头大汗。这普通的清理工作，王燕一做就是三年，毫无怨言。

——佚名 / 文

## 8. 雪线邮路，我一生的路

"人在，邮件在！"

这是四川省甘孜藏族自治州甘孜县邮政分公司长途邮运驾驶员、驾押组组长其美多吉的铮铮誓言。

今年是其美多吉开邮车的第 30 个年头。过去 29 年间，他每月 20 多次往返于平均海拔 3500 米以上的"雪线邮路"。这条邮路夏天有飞石、泥石流，冬天有雪崩、路面结冰，一年 365 天，天天难走。走过这条路的人，都知道其美多吉誓言的分量。

29 年来，其美多吉在雪线邮路上行驶里程 140 多万公里，从未发生一次责任事故。他将党报党刊和重要文件、群众的信件和孩子们的录取通知书，以及电商包裹一件不落地送到群众手中，他将藏区群众与外面的世界连在了一起，群众亲切地称他为"雪域邮路上的忠诚信使"。

1989 年 10 月，德格县邮电局购置了第一辆邮车，在全县公开招聘驾驶员。作为县城中为人熟知的会开车还会修车的年轻人，多吉如愿应聘上了这一光荣的岗位。29 年来，多吉驾驶的邮车没有发生过一起人为安全责任事故。

如今已过知天命年纪的多吉，依旧守护着 20 岁时与邮政结下的美好缘分、践行着为人民服务的长久约定。曾经，有跑运输的朋友劝多吉不要开邮车了，另寻出路赚大钱，多吉果断拒绝了。他说："因为在我的邮车上，装的是孩子们的录取通知书，装的是党报党刊和机要文件，装的是电商包裹，这些都是乡亲们的期盼和希望。"

夫有医术，有医道，术可暂行一世，道则流芳千古！

——《衣贯》

高原上,邮政人把平均海拔超过 3500 米的邮路叫作"雪线邮路",但甘孜—德格这条雪线邮路,却是公认的川藏雪线邮路上海拔最高、路况最差的一段。甘孜与德格之间,高耸着"川藏第一高、川藏第一险"、海拔 6168 米的雀儿山,公路垭口海拔 5050 米,路面最窄处不足 4 米,一路险象环生。

川藏邮路越难走,越须邮政人去探索。自 1954 年川藏公路建成通车以来,这条邮路就全年无休,因为这是一条连接祖国内地与西藏的"生命线",举世闻名的川藏公路 G318 和 G317 国道从成都出发,形成了南北两条四川进藏线路。甘孜 - 德格邮路和连接甘孜全州 18 个县的 12 条三级邮路,成为沟通藏区与全国、全世界的信息、物流传递大通道。

每年 10 月至次年 5 月,是"风搅雪"的季节——空气含氧量较以往更低、大雪封山、道路结冰、万丈悬崖矗立在车轮边缘,这条邮路便成了"生命禁区"。多吉介绍:"'风搅雪'就像海上的龙卷风、沙漠的沙尘暴。遇到'风搅雪',汽车根本无法行驶。当'风搅雪'停后,前面的道路完全无法辨认,全靠一步一步摸索探路。"每到这时,邮车,和经验丰富的邮政人,便成为其他司机心中值得信赖的航标。春节期间,其他社会车辆都停运了,无尽的皑皑白雪中却依旧流动着一抹绿色,那便是其美多吉和他的邮车。

2000 年 2 月,多吉和同事在雀儿山上遭遇雪崩。两人用水桶和铁铲,一点一点铲雪,不到 1 公里的路,走了整整两天两夜。他回忆道:"被困在山上时,又冷又饿,寒风裹着冰雪碴子,像刀子刮在脸上,手脚冻得没有知觉,衣服冻成了冰块。晚上,为了取暖和驱赶狼群,我们只有生火,实在没办法,连备胎、货箱木板都拆下来烧了。"

"什么都可以烧,但邮件不能丢。人在,邮件在!"

在川藏公路上,经常出现车辆抛锚、发生高原反应的情况,加之路况复杂,常有司机被困,引起交通堵塞。这时,多吉就是高原上的"雷锋"——他是交通不畅时的"义务交警",是为过路司机安装防滑链的"老师傅",也是帮人们开过危险路段的"带路人",还是雀儿山路段养路工人的"好帮手"。

安全,多吉是有信心的,但是孤独,却让人难以忍受。多吉告诉记者:"其实,我们也想跟家人团圆,也盼着放假,但我们的工作不能停下来,邮车必须得走。"这些年来，多吉陪伴家人过春节的次数仅有五六次。

正是这样一位将职业视为第一使命的康巴汉子，在工作途中遭受生命威胁时，依然牢记着"大件不离人，小件不离身"的特别规定。2012 年 7 月，多吉遭遇一批 12 人的劫匪。多吉挡在邮车前，毅然决然地说："要打就打我，不准砸邮车！"那次，多吉肋骨被打断 4 根、头皮被砍翻了一大块、右耳朵被砍伤、左脚左手静脉被砍断、仅刀口就有 17 处，还有多处骨折。

出院后，多吉因手脚经络萎缩僵硬而无法继续坚守岗位。他告诉妻子："为了跑邮路，一定要康复！"多吉一家四处辗转求医，康复疗法痛得这个硬汉眼泪横流。得知可以重返"雪线邮路"后，多吉终于露出了笑容："很多人觉得，我就算能活下来，也是个废人。但我不想变成废人。"

如今，多吉的小儿子扎西泽翁也成了雪线邮路上的一名邮运人。最小的徒弟洛绒牛拥，也可以单独开车上路了。一个人的邮路是寂寞的，邮路上，有属于邮政人的自豪和骄傲。

——摘自《光明日报》，2019 年 1 月 24 日

眼前百姓就是儿孙，莫说百姓可欺，作恶必有报应，且为儿孙留条后路；堂上官长称作父母，漫道官长好做，肩负责任重大，还要尽为父母恩情。

——民谚

◎【编者小语】

西方一位诗人说：没有人是孤岛，每个人都是大陆的一部分。是的，我们都不是鲁滨逊，每个人的周围都有其他的社会成员。千百年来，人们在社会中互相交往，逐渐形成了一些普遍认可、共同遵循的不成文的行为规则和价值判断，对每个人的日常生活都有重要的影响。这些准则，习惯上被称为"善良风俗"，当代一些人也采用西方的说法，称之为"社会公共道德"。如果人类社会是一片大陆，那么只要你不是远离大陆的一个孤岛，就需要遵循一定的善良风俗。相反，破坏这些善良风俗的人，一定会遭到社会的谴责。

社会公德关乎每一个人。改革开放以来，随着经济领域的深刻变革，中国社会面临一个亟待解决的问题即道德的失范，社会缺乏基本的道德共识和共同遵守的道德准则，突出表现为社会公德的"缺失"。经济和政治的日益现代化带来了许多新的观念风尚，如民主与法制意识、竞争与效率意识、自由与权力意识等，却也使我们目睹了人际关系的淡漠和社会正义感、责任感的衰弱。总之，高度发达的公共生活在我们的现实中安家落户还需要一个长期的过程，这需要每一个中国人坚持不懈的努力。在实现现代化的路途上，文明的中国人将会从提高国民素质入手，认真遵守标志现代文明的社会公德。

第十章

# 道法乎自然——道德与环境保护

61 年前，山西最西北的边陲小县右玉曾被外国专家断言为"不适合人类居住的地方"，2010 年，右玉却当选为"联合国最佳宜居生态县"。61 年来，右玉 18 任县委书记牢记全心全意为人民服务的宗旨，带领勤劳的右玉人民将这个曾是风沙肆虐、不宜人居的"不毛之地"改造成了山青水秀、满目葱茏的"塞上绿洲"。

1949 年，当新中国的第一任右玉县委书记张荣怀上任时，县城右卫老城三丈六尺高的城墙，已经被黄沙掩埋，粮食难收，寸草难生，百姓过着"春种一坡，秋收一瓮；除去籽种，吃上一顿"的艰难生活。

张荣怀带着县委、县政府的领导干部走遍右玉，得出了一个结论："右玉要想富，必须风沙住；要使风沙住，就得多栽树。"右玉 60 年的绿化之路，从此开始。干部是流动的，变化的，但历任县委书记都把植树造林当做自己不可改变的事业。他们对植树造林只有方法上的改进，没有方向上的偏差。每到植树季节，每一任县委书记、县长都带领干部群众肩扛铁锹，身背树秧去植树，饿了吃炒面，渴了喝口泉水，累了休息在树枝搭建的小山崖沟壕里，直到脸被晒成黑铁片，嘴角泛起血泡，手被磨出老茧，就是没有人叫苦。用第 11 任县委书记常禄的话说，这叫"飞鸽牌"干部要做"永久牌"的事。从新中国成立至今（2010 年），右玉已经迎来了 18 任县委书记、17 任县长，他们每一位都是种树能手。从"哪里能栽哪里栽",到"哪里有风哪里栽",再到"哪里有空哪里栽",直到如今的"山川遍地靓起来",植树造林成为右玉县历届领导班子坚持不懈的"要务"。

在当地,一个两任县委书记坚持8年三战黄沙洼的故事广为传唱。右玉县城东北,有一道8里宽、20里长的黄沙梁,过去整体每年以十几米的速度向东延伸,风起时黄沙蔽日,黄沙洼由此得名。从1956年4月起,第4任县委书记马禄元组织指挥,带领6个乡镇千余人,在这个风口地带栽树抗击风灾。可是头一天栽下的树,第二天就被刮出了根。上千人栽了两年树,只存活了几棵。这样巨大的打击并没有击碎右玉人的绿色梦。庞汉杰接任后,经过二战、三战黄沙洼,到了1964年,终于让风沙止步,山川披绿。

在右玉县南山公园的高地上,耸立着一座纪念碑,造型是"人"形的树干上蓬勃生长着四颗红、黄、蓝、绿的参天大树,寓意是人民群众的力量托起了满山苍翠。纪念碑的基座上刻着历任县委书记、县长和118位普通干部群众的名字。

2005年7月,河北一位客商准备投资3000万元,在右玉兴建一个制革企业。但由于污水处理投资不足,项目被县委书记赵向东婉言谢绝了。2006年6月,内蒙古一家投资商找上门,想在右玉建一个年产5万吨的水泥厂,由于不符合右玉的绿色发展理念,也被拒绝了。

而今的右玉,不仅绿风激荡,林木葱郁,而且有了农林牧渔业的全方位生态发展景象,更有兴旺的旅游业、国家级森林公园和生态园、影视城、滑雪场、花卉苗圃基地以及吸引中外著名企业前来投资的整体环境。有人将今日的右玉称赞是"镶嵌在山西乌金盘边的翡翠"。而更多人则依然愿意称它是"塞上绿洲",因为绿洲里可以听到一阵阵永不停息的叩动灵魂的风,那风是中国之风,是中国共产党人之风,是中华民族坚强不息、谋图强盛之风!

◎【品味经典】

## 1. 绿水青山就是金山银山
### ——习近平关于大力推进生态文明建设的讲话

建设生态文明是关系人民福祉、关乎民族未来的大计，是实现中华民族伟大复兴的中国梦的重要内容。习近平总书记指出："我们既要绿水青山，也要金山银山。宁要绿水青山，不要金山银山，而且绿水青山就是金山银山。"要按照绿色发展理念，树立大局观、长远观、整体观，坚持保护优先，坚持节约资源和保护环境的基本国策，把生态文明建设融入经济建设、政治建设、文化建设、社会建设各方面和全过程，建设美丽中国，努力开创社会主义生态文明新时代。

### 像对待生命一样对待生态环境

生态文明是人类社会进步的重大成果，是实现人与自然和谐发展的必然要求。建设生态文明，要以资源环境承载能力为基础，以自然规律为准则，以可持续发展、人与自然和谐为目标，建设生产发展、生活富裕、生态良好的文明社会。

人与自然的关系是人类社会最基本的关系。自然界是人类社会产生、存在和发展的基础和前提，人类则可以通过社会实践活动有目的地利用自然、改造自然。但人类归根到底是自然的一部分，在开发自然、利用自然中，人类不能凌驾于自然之上，人类的行为方式必须符合自然规律。人与自然是相互依存、相互联系的整体，对自然界不能只讲索取不讲投入、只讲利用不讲建设。保护自然环境就是保护人类，建设生态文明就是造福人类。

生态兴则文明兴，生态衰则文明衰。古今中外，这方面的事例很多。恩格

得道者多助，失道者寡助。

——（春秋）孟子

斯在《自然辩证法》一书中写道，"美索不达米亚、希腊、小亚细亚以及其他各地的居民，为了得到耕地，毁灭了森林，但是他们做梦也想不到，这些地方今天竟因此而成为不毛之地"。对此，他深刻指出："我们不要过分陶醉于我们人类对自然界的胜利。对于每一次这样的胜利，自然界都对我们进行报复。"在我国，现在植被稀少的黄土高原、渭河流域、太行山脉也曾是森林遍布、山清水秀，地宜耕植、水草便畜。由于毁林开荒、滥砍乱伐，这些地方生态环境遭到严重破坏。塔克拉玛干沙漠的蔓延，湮没了盛极一时的丝绸之路。楼兰古城因屯垦开荒、盲目灌溉，导致孔雀河改道而衰落。这些深刻教训，一定要认真吸取。

中华文明积淀了丰富的生态智慧。孔子说："子钓而不纲，弋不射宿。"《吕氏春秋》中说："竭泽而渔，岂不获得？而明年无鱼；焚薮而田，岂不获得？而明年无兽。"这些关于对自然要取之以时、取之有度的思想，有十分重要的现实意义。此外，"天人合一"、"道法自然"的哲理思想，"劝君莫打三春鸟，儿在巢中望母归"的经典诗句，"一粥一饭，当思来处不易；半丝半缕，恒念物力维艰"的治家格言，都蕴含着质朴睿智的自然观，至今仍给人以深刻警示和启迪。中华传统文明的滋养，为当代中国开启了尊重自然、面向未来的智慧之门。

保护生态环境关系人民的根本利益和民族发展的长远利益。习近平总书记指出："环境就是民生，青山就是美丽，蓝天也是幸福。要像保护眼睛一样保护生态环境，像对待生命一样对待生态环境，把不损害生态环境作为发展的底线。"生态环境没有替代品，用之不觉，失之难存。保护生态环境，功在当代、利在千秋。必须清醒认识保护生态环境、治理环境污染的紧迫性和艰巨性，清醒认识加强生态文明建设的重要性和必要性，以对人民群众、对子孙后代高度负责的态度，加大力度，攻坚克难，全面推进生态文明建设。坚持把节约优先、保护优先、自然恢复作为基本方针，把绿色发展、循环发展、低碳发展作为基本途径，把深化改革和创新驱动作为基本动力，把培育生态文化作为重要支撑，把重点突破和整体推进作为工作方式，切实把工作抓紧抓好，使青山常在、清水长流、空气常新，让人民群众在良好生态环境中生产生活。

——摘自《习近平总书记系列重要讲话读本（2016年版）》，
学习出版社、人民出版社，2016年4月第1版

## 2. "万物之祖"和"道德之乡"——《庄子》对环境的论述

庄子行于山中，见大木，枝叶盛茂，伐木者止其旁而不取也。问其故，曰："无所可用。"庄子曰："此木以不材得终其天年。"

夫子出于山，舍于故人之家。故人喜，命竖子杀雁而烹之。竖子请曰："其一能鸣，其一不能鸣，请奚杀？"主人曰："杀不能鸣者。"

明日，弟子问于庄子曰："昨日山中之木，以不材得终其天年；今主人之雁，以不材死；先生将何处？"

庄子笑曰："周将处乎材与不材之间。材与不材之间，似之而非也，故未免乎累。若夫乘道德而浮游则不然。无誉无訾，一龙一蛇，与时俱化，而无肯专为；一上一下，以和为量，浮游于万物之祖；物物而不物于物，则胡可得而累邪！此神农、黄帝之法则也。若夫万物之情，人伦之传，则不然。合则离，成则毁；廉则挫，尊则议，有为则亏，贤则谋，不肖则欺，胡可得而必乎哉！悲夫！弟子志之，其唯道德之乡乎！"

### 【译文】

庄子行走于山中，看见一棵大树枝叶十分茂盛，伐木的人停留在树旁却不去动手砍伐。问他们是什么原因，说："没有什么用处。"庄子说："这棵树就是因为不成材而能够终享天年啊！"

庄子走出山来，留宿在朋友家中。朋友高兴，叫童仆杀鹅款待他。童仆问主人："一只能叫，一只不能叫，请问杀哪一只呢？"主人说："杀那只不能叫的。"

第二天，弟子问庄子："昨日遇见山中的大树，因为不成材而能终享天年，如今主人的鹅，因为不成材而被杀掉；先生你将怎样对待呢？"

庄子笑道："我将处于成材与不成材之间。处于成材与不成材之间，好像

为政以德，譬如北辰，居其所而众星共之。

—— （春秋）孔子

合于大道却并非真正与大道相合，所以这样不能免于拘束与劳累。假如能顺应自然而自由自在地游乐也就不是这样。没有赞誉没有诋毁，时而像龙一样腾飞，时而像蛇一样蛰伏，跟随时间的推移而变化，而不愿偏滞于某一方面；时而进取时而退缩，一切以顺和作为度量，悠游自得地生活在万物的初始状态，役使外物，却不被外物所役使，那么，怎么会受到外物的拘束和劳累呢？这就是神农、黄帝的处世原则。至于说到万物的真情，人类的传习，就不是这样的。有聚合也就有离析，有成功也就有毁败；棱角锐利就会受到挫折，尊显就会受到倾覆，有为就会受到亏损，贤能就会受到谋算，而无能也会受到欺侮，怎么可以一定要偏滞于某一方面呢！可悲啊！弟子们记住了，恐怕还只有归向于自然吧！"

——节选自《庄子·外篇·山木第二十》

### 3. 明天的寓言——美国生态作家雷切尔·卡逊的警告

从前，在美国中部有一个城镇，这里的一切生物看来与其周围环境生活得很和谐。这个城镇坐落在像棋盘般排列整齐的繁荣的农场中央，其周围是庄稼地，小山下果园成林。春天，繁花像白色的云朵点缀在绿色的原野上；秋天，透过松林的屏风，橡树、枫树和白桦闪射出火焰般的彩色光辉，狐狸在小山上叫着，小鹿静悄悄地穿过了笼罩着秋天晨雾的原野。

沿着小路生长的月桂树、荚蒾和赤杨树以及巨大的羊齿植物和野花在一年的大部分时间里都使旅行者感到目悦神怡。即使在冬天，道路两旁也是美丽的地方，那儿有无数小鸟飞来，在出露于雪层之上的浆果和干草的穗头上啄食。郊外事实上正以其鸟类的丰富多彩而驰名，当迁徙的候鸟在整个春天和秋天蜂拥而至的时候，人们都长途跋涉地来这里观看它们。另有些人来小溪边捕鱼，这些洁净又清凉的小溪从山中流出，形成了绿荫掩映的生活着鳟鱼的池塘。野外一直是这个样子，直到许多年前的有一天，第一批居民来到这儿建房舍、挖井筑仓，情况才发生了变化。

从那时起，一个奇怪的阴影遮盖了这个地区，一切都开始变化。一些不祥的预兆降临到村落里：神秘莫测的疾病袭击了成群的小鸡；牛羊病倒和死亡。到处是死神的幽灵。农夫们述说着他们家庭的多病。城里的医生也愈来愈为他们病人中出现的新病感到困惑莫解。

不仅在成人中，而且在孩子中出现了一些突然的、不可解释的死亡现象，这些孩子在玩耍时突然倒下了，并在几小时内死去。

一种奇怪的寂静笼罩了这个地方。比如说，鸟儿都到哪儿去了呢？许多人谈论着它们，感到迷惑和不安。园后鸟儿寻食的地方冷落了。在一些地方仅能见到的几只鸟儿也气息奄奄，它们战栗得很厉害，飞不起来。这是一个没有声息的春天。这儿的清晨曾经荡漾着乌鸦、鸫鸟、鸽子、樫鸟、鹪鹩的合唱以及

225

有嫉妒心的人，自己不能完成伟大的事业，乃尽量去低估他人的伟大，贬抑他人的伟大使之与他人相齐。

——（德国）黑格尔

其他鸟鸣的音浪；而现在一切声音都没有了，只有一片寂静覆盖着营田野、树林和沼地。

农场里堕的母鸡在孵窝，但却没有小鸡破壳而出。农夫们抱怨着他们无法再养猪了——新生的猪仔很小，小猪病后也只能活几天。苹果树花要开了，但在花丛中没有蜜蜂嗡嗡飞来，所以苹果花没有得到授粉，也不会有果实。

曾经一度是多么引人的小路两旁，现在排列着仿佛火灾劫后的、焦黄的、枯萎的植物。被生命抛弃了的这些地方也是寂静一片。甚至小溪也失去了生命；钓鱼的人不再来访问它，因为所有的鱼已死亡。

在屋檐下的雨水管中，在房顶的瓦片之间，一种白色的粉粒还在露出稍许斑痕。在几星期之前，这些白色粉粒像雪花一样降落到屋顶、草坪、田地和小河上。

不是魔法，也不是敌人的活动使这个受损害的世界的生命无法复生，而是人们自己使自己受害。

上述的这个城镇是虚设的，但在美国和世界其他地方都可以容易地找到上千个这种城镇的翻版。我知道并没有一个村庄经受过如我所描述的全部灾祸；但其中每一种灾难实际上已在某些地方发生，并且确实有许多村庄已经蒙受了大量的不幸。在人们的忽视中，一个狰狞的幽灵已向我们袭来，这个想象中的悲剧可能会很容易地变成一个我们大家都将知道的活生生的现实。

——选自雷切尔·卡逊《寂静的春天》

## ◎【故事里的事】

### 1. 杨善洲：绿了荒山，白了头发

绿了荒山，白了头发，他志在造福百姓；老骥伏枥，意气风发，他心向未来。清廉，自上任时起，奉献，直到最后一天。60 年里的一切作为，就是为了不辜负人民的期望。

杨善洲从事革命工作近 40 年，生前曾任保山地委书记。在任期间，面对家属"农转非"的多次机会，杨善洲要么直接推脱，要么将申请表藏进抽屉，直到去世后才被发现。"大家都去吃居民粮了，谁来种庄稼？我们全家都乐意和 8 亿农民同甘共苦建设家乡。"到了退休的年纪，组织上想安排杨善洲去昆明安享晚年，他又一次婉言谢绝。

长期乱砍滥伐，大亮山生态受到遭到破坏，水土流失严重。"我要为百姓做几件实实在在的事情。"冲着这句承诺，杨善洲在卸任后一头扎进了荒草丛生的大亮山，住竹篾搭的屋子、睡树桩搭的床，他希望给乡亲们再造山清水秀。

自那以后，杨善洲与林场职工同吃同住，每天从早忙到晚，雨季植树造林，旱季巡山防火。创业初期资金短缺，老书记把平时种下的几十盆盆景全部移栽到大亮山上，他甚至跑到大街上去捡别人丢弃的果核，积少成多，用马驮上山。

担任林场负责人的 20 多年间，杨善洲不要分文报酬，只肯接受每月 70 元的伙食补助。他为林场争取了近千万资金，却从未私自动过一分钱。走了不知多少路，吃了不知多少苦，杨善洲带领工人植树造林 7 万多亩，林场林木覆盖率超过 87%，修建 18 公里的林区公路，架设 4 公里多的输电线路。

一个人能够给历史，给民族，给子孙留下些什么？杨善洲留下的是一片绿荫和一种精神！

—— 佚名 / 文

227

新闻记者应该说人话，不说鬼话；应该说真话，不说假话！

—— 林白水

## 2. 三兄弟辛勤守护万亩林海 38 年

张建、张忠、张华，三人为孪生兄弟，53 岁，均为贵州省毕节市七星关区拱拢坪国有林场员工。

1981 年，16 岁的张建、张忠、张华三兄弟初中毕业，便投身育林、护林事业。他们的父亲是拱拢坪林场的创建者之一，三兄弟在父亲的影响下进入林场工作，巡山、护林、造林一干就是 38 年。他们爱场如家、爱林如子，一年四季在 53300 亩的林场内巡山护林。在他们的精心呵护下，林场从未发生过火灾事故。

"父亲是当年创建林场的带头人之一"，谈起父亲与林场的故事，老大张建回忆到，那时父亲扛一把锄头，两边捆着树苗，经常熬夜种树，冬日里头发上的汗水常常结成冰凝。"那时候苦啊，交通全靠走，物资全靠背。"说起小时候和父亲在林场的点点滴滴，三兄弟回忆到。

"父亲种树，我们在边上帮忙，饿了找点野果吃，渴了喝点山泉水，虽然条件艰苦，林场带来的野趣却也不少，那时候没少在林场撒野。"三兄弟笑着说。

受父亲的影响，1981 年，初中毕业后，16 岁的张建、张忠、张华三兄弟，投身育林、护林事业，不知不觉就走过了 38 个年头。

"这棵树是我刚上来时栽的，现在双手都抱不拢了。"伫立在拱拢坪林场的树荫下，大哥张建指着一棵松树感慨。"每天都要走 30 公里到各巡护点"二哥张忠说，爬山头、钻林子，再好的鞋也顶不住，每年不知道要穿破多少双鞋子，累了，靠着大树打个盹，饿了，吃些干粮或野果，渴了，喝点山泉解渴，一身迷彩、一把锄头或砍刀、干粮加水壶，是护林员的"标配"。

夏天晒爆皮，冬天冷风吹，38 年如一日，踏破的鞋在家里堆成小山，换来这片绿涛林海。

"带上砍刀，既可以清理枯枝，也可以防身。"张忠边清理林中的枯木边说，这些年生态越来越好，野猪、松鼠、野鸡等动物越来越常见，有一次与野猪"狭路相逢"，大家赶紧慢慢退开，给这位"土大王"让路。

林区山高坡陡，护林任务重。每到春节、元旦这种合家团圆的节假日，也是防火压力最大的时候，"又来和森林'过节'了。"三兄弟虽然经常这样调侃，却从未马虎大意，"我们是森林的一道防线。"三兄弟望着林场，目光坚定地说。

阳雀沟、徐家坟、野老屋基……外人眼里几乎一模一样的沟壑，三兄弟都能亲切地叫出名字，"走得多了就熟了。"三弟张华说。哪里路险、哪里要重点查看，必须心里有数。

节假日里，三兄弟穿林踏水为大自然站岗，日复一日在53300亩的林场内巡山护林，守护林场的一草一木，在他们的精心呵护下，拱拢坪林场从未发生过火灾事故。张建三兄弟说，父亲把一生奉献给这片林场，自己的一生也是在这片森林里度过的，孩子也生在这里，长在这里，想让孩子们继续守护这片森林，把爱林护林的传统传承下去，三兄弟与林场的故事，只是"绿色贵州"的一个缩影。

近年来，贵州守好发展和生态两条底线，坚持生态优先、绿色发展，大力实施大生态战略行动，2018年森林覆盖率达到57%。绿水青山就是金山银山，三兄弟说，希望更多的人参与到生态文明建设中来。

——摘自《中国文明网》，2019年5月"中国好人榜"

## 3. 滇池的守护神

一个农民，为了国家和人民的利益，为了保护滇池，他不惜牺牲全家的利益，更不惜付出骨碎身残的代价，这精神何等宝贵！

张正祥今年61岁。30多年来，他把心血都花在了滇池保护上。最多一周，他就会绕滇池一圈，检查滇池的污染情况。绕滇池一周的长度是126公里。至今，张正祥已经绕滇池走了1000多圈。这12万多公里的行走都是为了阻止对

所谓恶人，无论有过多么善良的过去，也已滑向堕落的道路而消逝其善良性；所谓善人，即使有过道德上不堪提及的过去，但他还是向着善良前进的人。
——（美国）杜威

滇池的污染和破坏。

在过去的 30 多年里，张正祥花光了所有积蓄，卖了家里的养猪场。妻子无法忍受，离他而去。他的子女也经常受到不明身份人的恐吓，小儿子因此患上了精神分裂症。张正祥自己更是经常遭到毒打。2002 年深秋，当张正祥去一家私挖、私采的矿场拍照取证时，矿主的保镖开着车就向他直冲过来，张正祥当即晕倒在地。两个小时后，一场大雨把他浇醒。这次挨打，使其右眼失明，右眼眶骨折。

不理解的人称他为"张疯子"。张正祥说："不是我疯了，是那些人疯了。是那些人不知天高地厚了，疯得只知道钱了。"

他用牺牲整个家庭的惨重代价，换来了滇池自然保护区内 33 个大、中型矿、采石场和所有采砂、取土点的封停。

生命只有一次，滇池只有一个，他把生命和滇池紧紧地绑在了一起。他是一个战士，他的勇气让所有人胆寒，他是孤独的，是执拗的，是雪峰之巅的傲然寒松。因为有这样的人，人类的风骨得以传承挺立。

——佚名 / 文

## 4. 从沙赶人到人赶沙：六老汉 三代人 一片绿

昔日沙赶着人跑，如今人顶着沙进。

38 年，甘肃省古浪县八步沙"六老汉"三代人接续加入治沙行列，在寸草不生的沙漠建成了防风固沙绿色长廊，近 10 万亩农田得到保护。

21.7 万亩，治沙造林面积不断扩大，绿色在八步沙延展。"六老汉"三代人的坚守，在大漠深处开花结果，当地群众有了增收致富的"金山银山"。

"沙丘向着村庄跑，每年逼近七八米，压田地，埋庄稼，'一夜北风沙骑墙，早上起来驴上房'……"捋着花白胡须，向记者说起当年的八步沙，张润元脸上云淡风轻。张润元乃"六老汉"之一。

古有愚公移山，今有甘肃省古浪县八步沙"六老汉"治沙滩。他们一年接着一年干，一代接着一代干，三代人苦干 38 年，至今累计治沙造林 21.7 万亩，管护封沙育林草 37.6 万亩。

1981 年，在土门公社当过大队支书或生产队干部的 6 位农民，不甘心将世代生活的家园拱手相让，向沙漠挺进。他们献了自身献子孙，一代接着一代干，被称为八步沙"六老汉"。

古浪县是全国荒漠化重点监测县之一。1981 年，作为三北防护林前沿阵地，古浪县着手治理荒漠，对八步沙试行"政府补贴、个人承包，谁治理、谁拥有"政策。治理寸草不生的沙漠谈何容易！即使政府有补贴，不知多少年后才会有"收益"。政策出台后，应者寥寥。"多少年了，都是沙赶着人跑。现在，我们要顶着沙进。治沙，算我一个！"漪泉大队 56 岁的老支书石满第一个站了出来。紧接着，同大队的贺发林，台子大队的郭朝明、张润元，和乐大队的程海，土门大队的罗元奎积极响应。他们以联户承包的形式，组建八步沙集体林场，投身治沙造林。他们 6 人所在村庄都紧挨着八步沙，相距不过三四公里。

消息传开，有人疑惑：别人承包良田，他们承包沙漠，是不是精神出了问题？

外人冷嘲热讽，家人也扯后腿。老婆劝：这把老骨头，要把命搭进沙漠里。儿女拦：又不是不养活你们，别受那份罪。"六老汉"不由得吹胡子瞪眼：八步沙治不住，今天享清福，明天你们就喝西北风！打定主意，老汉们卷起铺盖、背着干粮，走进沙漠深处。

按照计划，第一年先治 1 万亩。6 个老汉跑遍了附近和邻县的林场，只解决了一部分树苗，剩下的怎么办？最后，他们在自家承包地上种上了树苗。6 个家庭 40 多口人全部上阵，在浩瀚大漠里栽下一棵棵小树苗。到了来年春天，树苗成活率竟然达到七成，"开始我们高兴极了，没想到几场风沙过后，活下来的树苗连三成都不到。"造林不见林，"六老汉"心急如焚。"只要有活的，就说明这个沙能治！""六老汉"没有灰心，转而采用"一棵树，一把草，压住沙子防风掏"的办法，成活率得以提高。

沙漠离家远，为了省时间，"六老汉"吃住都在八步沙。张润元说，每人

231

目前中国民间的环保意识并不弱，改善环境现状应该从每一个人做起，节约一盏灯、一滴水，如果一个人连自己都管不住，还提什么全面的环保！

——梁从诫

带点面粉、干馍馍和酸菜，用几块石头支起锅。更艰苦的，是没有住处。沙地上挖一个深坑，上面用木棍撑起来，再盖一帘茅草。这个当地人叫做"地窝子"的深坑，就是"六老汉"的家。

经过 10 余年苦战，"六老汉"用汗水浇绿了 4.2 万亩沙漠。八步沙的树绿了，"六老汉"的头白了。1991 年、1992 年，贺老汉、石老汉先后离世。后来，郭老汉、罗老汉也相继离世。如今，当初的"六老汉"中，四人走了，两人老了干不动了。

组建林场之初，"六老汉"就约定，无论多苦多累，每家必须出一个后人，把八步沙治下去。为了父辈的嘱托，石银山、贺中强、郭万刚、罗兴全、程生学、张老汉的女婿王志鹏相继接过了父辈治沙的接力棒，成了八步沙第二代治沙人。现在，郭万刚的侄子郭玺等第三代人已加入治沙行列，守护八步沙的未来。

现任八步沙林场场长郭万刚，当年被父亲郭朝明"逼"着回家治沙。当时，他在土门供销社上班，端的是"铁饭碗"，父亲要他回来治沙时，郭万刚极不情愿："治理几万亩沙漠，那是你们几个农民干的事？能治过来吗？""身在曹营心在汉"的郭万刚，直到 1993 年 5 月 5 日，才打消了回供销社上班的念想。"那天我正和罗老汉一起巡沙，中午地上突然就起了'黄浪'，有 50 多厘米厚。罗老汉有经验，告诉我要跳着走，哪怕拔得稍微浅一点，就被沙尘暴埋住了。"郭万刚回忆说。在沙漠中迷失方向的罗老汉和郭万刚，直到深夜才摸回家。从那之后，郭万刚一门心思扑在造林上。

昏倒在树坑旁的贺发林，被送到医院时，已是肝硬化晚期。弥留之际，当着老伙计们的面，贺发林安排后事。"娃娃，爹这一辈子没啥留给你的，这一摊子树，你去种吧。"他对儿子贺中强说。

石满老汉生前被评为全国治沙劳动模范，去世时年仅 62 岁。他的儿子石银山说："父亲临终前叮嘱，不要埋到祖坟，祖坟前有个沙包，挡着他看林子。要埋在八步沙旁，看着我们继续治沙。"

尽管有过犹豫、有过彷徨，郭万刚已在风沙线征战 30 余年，在大漠深处写下答案。到 2003 年，通过乔、灌、草结合，封、造、管并举等措施，"六老汉"及其后人建成了一条南北长 10 公里、东西宽 8 公里的防风固沙绿色长廊，使 7.5

万亩荒漠得以治理，近 10 万亩农田得到保护，八步沙变成了树草相间的绿洲。

沙漠里栽树，三分种、七分管，管护是重中之重。八步沙地区在 20 世纪 50 年代、70 年代曾集体植过树，但都因为无人管护而前功尽弃。"树栽上以后，草长得好，有人偷着放牧和割草，好不容易种下的草和树，一夜之间就会被附近村民的羊毁坏。"张润元说，"我们就每天早上和晚上挡着不让牲口进去，几乎整宿不睡觉地看护，甚至很多天顾不上回家。"为了护林，郭万刚、石银山曾连续 6 个春节在沙漠中度过。程生学现在看护的，仍然是父亲当年亲手栽下的树。"面积将近 2 万亩，骑摩托车转一圈，至少 4 个小时。"2001 年，近 200 只羊钻进了程生学看护的林区。"先人们辛苦栽下的树，你咋舍得让羊啃哩！"他追上羊倌理论。"这里不放哪里放？"羊倌并不示弱。说话间，程生学就把羊往外赶，没成想羊倌照头就是一棒。所幸，贺中强及时赶到，并报告了森林派出所。羊倌最终被处罚。

林场要发展，就不能只守摊子。2003 年，八步沙 7.5 万亩治沙造林任务完成后，八步沙第二代治沙人主动请缨，将治沙重点转向远离八步沙林场 25 公里的黑岗沙、大槽沙、漠迷沙三大风沙口。截至 2015 年，他们累计完成治沙造林 6.4 万亩，封沙育林 11.4 万亩，栽植各类沙生苗木 2000 多万株。"治理区内，柠条、花棒、白榆等沙生植被郁郁葱葱。"郭万刚说。

黑岗沙等地治理完成后，"六老汉"的后人继续向距离八步沙 80 公里的北部沙区进发，开始治理那里的 15.7 万亩荒漠。同时，八步沙林场还先后承包了国家重点生态工程等项目，并承接了干武铁路等植被恢复工程，"我们带领周边群众共同参与治沙造林，不仅壮大了治沙队伍，也增加了农民收入，带领更多的贫困户脱贫致富奔小康。"郭万刚说。

绿色在八步沙不断延展。如今的八步沙林场，历经"六老汉"三代人 38 年的坚守，已从昔日寸草不生的沙漠，变成了当地群众增收致富的"金山银山"。

——摘自《人民日报》，2019 年 03 月 29 日

233

---

地力之生物有大数，人力之成物有大限，取之有度，用之有节，则常足；取之无度，用之无节，则常不足。

——《周易》

## 5. 山间回荡着扁担的"咯吱咯吱"声

"咯吱咯吱……"在距离娄烦县郭家庄村 2 公里处，一座名为"梁背后"的山上，村民郭克岗肩挑扁担行走在一条蜿蜒曲折的小路上。经过他二十余年如一日的辛勤治理，当年的那片 600 余亩的荒山秃岭，如今变成了绿树茂密、瓜果飘香的"世外桃源"。

### 满山"洋"杏儿

"这个叫亚美尼亚杏儿！原产外国亚美尼亚，甜的跟蜜糖一样，是我从山西省农科院第一家引进的新品种。"郭克岗说，这杏儿果实呈椭圆形、黄中透红，个头比普通杏儿略大，状似芒果。咬一口，甜滋滋蜜一般的汁液横流，仿佛水蜜桃般甘甜爽口。这是他十几年前专门去山西省农科院买回来的，当时一株树苗 50 元，他因为身上钱少，只能拿出 100 元来，捧珍宝一般小心翼翼地捧走了两株树苗。几年间，他采取枝芽嫁接的方法，竟让山上 600 株树都结出这种可口的果实。

虽然郭克岗今年才 56 岁，但由于过度操劳，他看起来至少比实际年龄要老上 10 岁。"再尝尝这个，叫沙金黄，甜中带点酸，另有一番好味道！"在"梁背后"郁郁葱葱的林木中，郭克岗肩挑扁担带领记者见识了他的劳动果实：红彤彤、黄灿灿的杏儿，沉甸甸直压弯了枝头，地上还铺了一层熟透掉落的。旁边是即将成熟的桃子、苹果和梨，翻过这片坡地后面是一大片杨树、油松、落叶松……

### 木匠"情"意深

"以前我是个木匠，光知道砍树、削木头、做家具。手艺大家都认可，活儿挺多，日子过得也不赖。后来，看着家乡光秃秃的山梁，越来越觉得光砍树、削木头没啥意思，多种点树，为子孙后代留点财产才是正经的！"

从 1988 年起，郭克岗扔掉了让人眼馋的木匠职业，用做木工挣下的 7000 元钱，投入植树事业，并专门为自己做了一根可以挑水挑粪浇灌树木的扁担。他选择的治理流域是离村最远的荒坡，很多地方都是 60 度以上的坡梁地。坡高路陡，平均海拔在 2000 米以上。

创业初期，郭克岗和妻子二人早晨 5 点钟起床，挑着水担、粪担爬山，每天要往返 3 次。还要到一公里之外的沟底担水。2001 年娄烦干旱之年，沟里的泉水也都被他担干了。有村民笑称他是"当代愚公"。

郭克岗说："从 1988 年开始，我就挑着扁担上山，从来没有间断，到现在已经挑烂了三根扁担。后来，我专门用结实的上等桦木做了一根加厚扁担，十五年了，到现在还用得好好的呢！"

痴痴"盼"转型

由于勤于灌溉、管理科学、全部施用农家肥，又无任何污染，郭克岗果树上的果实比从市场上买来的同类品种口感好、品位高，深受人们青睐。经常有老乡去他的山上摘杏儿，大筐大筐地装走。

不过，郭克岗痛惜地说，在杏儿大量成熟的日子，他每天至多也只能肩挑扁担往返山中两趟，挑下来 80 公斤的杏儿，让妻子担进城去卖。其他还未来得及运下山的杏儿，只能白白落地烂掉。能"挽救"出来的不及总量的两成。

"要是再能开条路把车开上来就更好了！这儿离著名景区云顶山近，城里人可以顺路过来体验采摘果菜，享受农家风光旅游的快乐。要是能再通上电，就地加工成果脯、杏干就更美了……"夕阳西下，郭克岗挑起装满两筐黄杏儿的扁担痴痴地说，山间回荡着扁担的"咯吱咯吱"声……

——杨恒山 孙耀星 / 文

我们关注宇宙中自然奇观和客观事物的焦点越清晰，我们破坏它们的尝试就越少。

——（美国）蕾切尔·卡逊

## 6. 比金块更可贵的东西

两个墨西哥人沿密西西比河淘金，到了一个河汉分了手，因为一个人认为阿肯色河可以掏到更多的金子，一个人认为去俄亥俄河发财的机会更大。

10年后，入俄亥俄河的人果然发了财，在那儿他不仅找到了大量的金沙，而且建了码头，修了公路，还使他落脚的地方成了一个大集镇。现在俄亥俄河岸边的匹兹堡市商业繁荣，工业发达，无不起因与他的拓荒和早期开发。

进入阿肯色河的人似乎没有那么幸运，自分手后就没了音讯。有的说已经葬身鱼腹，有的说已经回了墨西哥。直到50年后，一个重2.7公斤的自然金块在匹兹堡引起轰动，人们才知道他的一些情况。当时，匹兹堡《新闻周刊》的一位记者曾对这块金子进行跟踪，他写道："这颗全美最大的金块来源于阿肯色，是一位年轻人在他屋后的鱼塘里见捡到的，从他祖父留下的日记看，这块金子是他的祖父仍进去的。"

随后，《新闻周刊》刊登了那位祖父的日记。其中一篇是这样的：昨天，我在溪水里又发现了一块金子，比去年淘到的那块更大，进城卖掉它吗？那就会有成百上千的人拥向这儿，我和妻子亲手用一根根圆木搭建的棚屋，挥洒汗水开垦的菜园和屋后的池塘，还有傍晚的火堆，忠诚的猎狗，美味的炖肉山雀，树木，天空，草原，大自然赠给我们的珍贵的静逸和自由都将不复存在。我宁愿看到它被扔进鱼塘时荡起的水花，也不愿眼睁睁地望着这一切从我眼前消失。

——梁衍军／文

## 7. 玛丽尔达的河豚

在巴西亚马孙河边，有一个叫新艾郎的小镇。小镇的码头边，有一座水上餐馆。餐馆的主人是个中年妇女，她的名字叫玛丽尔达。玛丽尔达是个善良的女人，由于她经营的餐馆物美价廉，一些常在亚马孙河上来往的人们，在经过新艾郎镇时，都会到她的水上餐馆歇脚用餐。

几年前的一天傍晚，玛丽尔达正准备打烊关门，忽然听到餐馆后面传来水声。她打开餐馆后门，见平静的河水中有水花泛起。当她用手电筒照射河面时，两只粉色河豚出现在她的视野里，此时，它们正在水里无力地游动着，并顺着手电筒的光束仰望着玛丽尔达。

玛丽尔达有些惊讶，因为她从前只是听说过粉色河豚，却从没有看见过。但是看着河豚微微张开的嘴和求助的目光，玛丽尔达想到了它们是在向她讨食物。一定是因为饥饿，它们才到餐馆下面的水域来的。玛丽尔达急忙拿出几条鱼来，扔给河豚，果然，河豚马上将鱼都吃光了。然后，它们又看了看玛丽尔达，便消失在河面上。

几天以后的一个傍晚，两只河豚又来了。于是玛丽尔达又像从前一样，扔给它们一些卖剩下的鱼。从此以后，这两只河豚每隔几天，便会来这里。而喂养河豚，也成了玛丽尔达的一项工作，她觉得，自己和河豚已经成了好朋友。

几个月以后，亚马孙河流域下起了大暴雨，洪水开始泛滥，玛丽尔达被迫撤退到河边的高地上，她眼看着自己赖以生存的水上餐馆和全部家当被洪水冲走却无可奈何。水灾过后，玛丽尔达开始准备重建餐馆，但一无所有的她再也无能为力了，她只是在原址上搭建了一个简易的小屋，过着困苦的生活。而那两只河豚，在大洪水后再也没有出现。

那是一年以后的一天傍晚，玛丽尔达又听到了熟悉的水花声。她不由得一阵惊喜，她知道是河豚回来了。接下来，她看到了惊奇的一幕，两只河豚后面的水里，粉红色一片。"天哪，那是十几只河豚！"玛丽尔达明白了，两只河豚带着繁衍的后代回来了。此后，河豚们再也没有离开玛丽尔达。

粉色河豚，在亚马孙河是很少见的，有关它的美丽传说和故事，总是吸引着世界各地的游客来到亚马孙河上，就这样，玛丽尔达与她的那些粉色河豚，渐渐成了亚马孙河边的一景。游客们在经过新艾郎镇时，都会到玛丽尔达的小屋来看河豚，拍河豚。玛丽尔达的小屋，成了一个旅游景点，玛丽尔达用门票

237

大自然是善良的慈母，同时也是冷酷的屠夫。

——（法国）雨果

所得，精心地喂养着这些河豚。如今，一些科学家、动物学家和动物保护组织也纷纷来到这里做研究，巴西政府还出资将玛丽尔达小屋附近的水域划为河豚保护区，请她照顾这个河豚种群。

善良的玛丽尔达在喂养两只河豚时，从来没有想过，自己在某一天会得到它们的回报，但我们却不得不相信，幸福和快乐，总是属于那些乐于付出、不思回报的人。

——感动 / 文

## ◎【编者小语】

中国古人有"天人合一"之说，西周时期已经产生"以德配天"、"敬天敏德"的思想，这些虽然是为了巩固君主统治，但也反映出当时人类与自然之间的伦理关系。到当代，中国各方面的思想都在发生着剧烈变迁，人类与自然之间的关系日益紧张，各种环境问题层出不穷。三江源水源地被破坏，黄河断流，长江沿江湖泊大面积萎缩，各地重金属污染事件不断，癌症村、畸形村在不同地方均有出现。

这样的环境现实，让我们不得不深思：应该如何和大自然相处？人类本是自然的一部分，而今却变成了人类和自然分立的局面，人类试图支配自然，而自然则不会因为人类的美好意愿而改变其亿万年以来的规律，顺从人类的意志。这再也不是一个"与天斗，其乐无穷；与地斗，其乐无穷"的时代了，我们要好好反省自身，到底应该建立一个怎样的环境伦理观念。

# 后 记

　　加强社会主义思想道德建设，是发展先进文化的重要内容和中心环节。在新的历史条件下，我们要从公民道德建设入手，继承中华民族几千年形成的传统美德，发扬党领导人民在长期革命斗争与建设实践中形成的革命道德，借鉴世界各国道德建设的成功经验和先进文明成果，努力建立与发展社会主义市场经济相适应的社会主义道德体系，共建和谐社会。

　　为了揭示古今中外名人、普通人的人格修养密码，探寻道德建设道路上为政与做人的金钥匙，红旗出版社倾力打造精品力作《道德的力量》，旨在帮助全国党员干部和广大读者领悟精神力量，坚定道德操守，共创和谐社会。全书围绕"道德"这一主题，采用名家经典论著和诸多趣味故事相结合的编写方式，深入浅出地阐述了道德在人类各个领域所起的巨大推动作用。本书的出版，对领导干部更加坚定道德操守，对形成追求高尚、激励先进的良好社会风气，保证社会主义市场经济的健康发展，促进整个民族素质的不断提高，全面推进建设中国特色社会主义伟大事业，具有十分重要的意义。

　　为了让阅读轻松化，编写人员选编了一些杂志和书籍上的中外经典故事，由于无法与作者取得联系，故未能一一告知。希望作者看到此书，尽快与出版社联系，以便我们弥补疏漏并赠样书。

编者

2020 年 6 月